安徽省高等学校"十二五"省级规划教材

单片机实验及实训教程

主　编　钟　锦　黄大君

副主编　仝　钰

编　委　王大刚　卫　兵　赵群礼

　　　　程和生　刘亚楠

中国科学技术大学出版社

内 容 简 介

本书基于 8051 内核的单片机工作原理及应用设计,给出较多的经过验证的实训仿真案例。本书共分为 5 章:第 1 章介绍了单片机基本知识、基本理论和基本技能,对单片机实训内容安排做了介绍;第 2 章介绍了基础试验平台;第 3 章提供了一些基于 STAR ES598PCI 实验仪和 Proteus 软件仿真平台的综合设计实验;第 4 章设计了若干综合设计性的实训项目;第 5 章提供了一些不同芯片在硬件平台上的拓展应用开发实验。本书可作为高校计算机类、电子类、通信类专业学生、自学者实验教学及课程设计用书,还可作为从事单片机系统及其接口技术工作的工程技术人员的参考书。

图书在版编目(CIP)数据

单片机实验及实训教程/钟锦,黄大君主编. —合肥:中国科学技术大学出版社,2023.1
ISBN 978-7-312-05503-4

Ⅰ. 单…　Ⅱ. ① 钟… ② 黄…　Ⅲ. 单片微型计算机—高等学校—教材　Ⅳ. TP368.1

中国版本图书馆 CIP 数据核字(2022)第 135669 号

单片机实验及实训教程
DANPIANJI SHIYAN JI SHIXUN JIAOCHENG

出版	中国科学技术大学出版社
	安徽省合肥市金寨路 96 号,230026
	http://press.ustc.edu.cn
	https://zgkxjsdxcbs.tmall.com
印刷	合肥市宏基印刷有限公司
发行	中国科学技术大学出版社
开本	787 mm×1092 mm　1/16
印张	15.25
字数	385 千
版次	2023 年 1 月第 1 版
印次	2023 年 1 月第 1 次印刷
定价	50.00 元

前　言

本书是为高等院校理工科本(专)科的51系列单片机原理及接口技术的实践部分教学编写的,适合计算机类、电子类、通信类以及物联网等嵌入式专业的学生学习使用。

基于8051内核的单片机结构简单、清晰、易学,便于单片机初学者掌握,目前8051内核单片机仍是国内多所高校讲授机型。本书根据单片机工作原理及应用设计,给出较多的经过验证的实训仿真案例。

本书共分为5章,涵盖了单片机应用技术的基本内容。第1章介绍了单片机基本知识、基本理论和基本技能,对单片机实训内容安排做了介绍。第2章介绍了基础试验平台,根据教学知识点设计的基础实验,包含流水灯控制、中断系统、定时/计数器、串口通信、输入接口识别、矩阵键盘检测、输出接口及A/D转换、D/A转换等应用实验。第3章基于STAR ES598PCI实验仪和Proteus软件仿真平台的综合设计分别提供了一些实验,Proteus仿真实验是为了方便学习者在没有单片机实验仪情况下进行电路仿真、PCB设计和虚拟模型仿真。第4章设计了若干综合设计性的实训项目,以提高学习者单片机综合应用系统的设计和调试能力,掌握由最小系统扩大到有一定外围电路系统的设计、调试。第5章为拓展实验,提供了一些不同芯片在硬件平台上的拓展应用开发实验,供各种创新兴趣小组学习参考,为以后从事单片机及其他嵌入式开发工作奠定基础。

本书可作为高校计算机类、电子类、通信类专业学生、自学者实验教学及课程设计用书,还可作为从事单片机系统及其接口技术工作的工程技术人员的参考书。

本书在2016年出版的《单片机实验及实训》(安徽省高等学校"十二五"省级规划教材)内容基础上重新编写而成,新版由中国科学技术大学出版社出版。本书由钟锦、黄大君担任主编,完成了第1章、第2章的编写以及全书的统稿;仝钰担任副主编,编写了第3章;王大刚、卫兵、程和生共同编写第4章;赵群礼、刘亚楠共同编写第5章。

由于编者水平所限,书中难免存在疏漏甚至错误之处,敬请读者批评指正(联系邮箱:hdj@hfnu.edu.cn)。

编　者

目　　录

第1章 概　　述

单片机技术及应用是计算机、电子、通信类专业中一块重要的学习内容,《单片机实验及实训教程》是配套 51 系列的单片机理论教学而编写的实验实训教材。本书的编写目的是帮助初学者进一步理解、掌握和使用 AT89S51 微处理器,通过设计的实验和实训项目练习,使学习者学会设计、调试单片机系统,进一步掌握单片机技术在工业控制、经济建设和日常生活中的创新应用。"单片机技术及应用"是一门实践性较强的课程,希望通过本教材的学习、实践,培养学习者的探索精神、创新思维以及分析解决问题的能力,从而培养、提高学习者的工程应用能力和创新能力。

学习本课程的先修课程包括"数字电路""模拟电子技术""C 语言与程序设计""汇编语言""微机原理与接口"。

1. 总体目标

使学生掌握单片微处理器(简称单片机)的内部结构、工作原理、编程技术等有关基础知识和能力,学会单片微处理器在不同领域里的开发、应用。通过实践训练,使学生加深对 51 系列单片机理论知识的理解,掌握一定单片机及其接口技术的应用,培养学生动手能力和独立解决问题的能力。

2. 具体目标

(1) 了解"单片机技术及应用"这门课程的性质、地位和相关知识的应用领域,了解单片机在市场上的应用现状及该学科未来的发展方向。

(2) 掌握单片机内部的结构、组成,理解单片机存储器体系结构。

(3) 掌握单片机指令系统及使用。

(4) 掌握基本的编程技术,学会编程和调试。

(5) 掌握中断系统的工作原理及应用。

(6) 掌握定时器的工作原理及应用。

(7) 掌握单片机串行接口技术的原理及应用。

(8) 理解单片机扩展存储器技术,学会设计存储器扩展电路。

(9) 掌握外围设备与单片机接口技术的工作原理及应用。

(10) 掌握单片机多种应用系统的设计与开发。

3. 教学任务

教授微处理器和单片机的基本知识、基本理论和基本技能,通过具体实验项目,加深对 51 系列单片机基本原理的理解,掌握 51 系列单片机的中断系统、指令系统与程序设计、定时器/计数器、串口通信、输入输出接口、应用系统开发等,培养分析问题、解决问题的能力以及综合运用所学知识分析处理工程实际问题的能力,提高工程素质、创新素质。

实验实训内容安排如表 1.1 所示。

表 1.1　内容安排

实验实训内容	配套理论学习内容
流水灯实验	单片机概论
中断实验	单片机的硬件结构
定时器/计数器实验	中断系统与定时器/计数器
串行口实验	串行通信口
输入接口实验	扩展 I/O 接口设计与扩展存储器设计
输出接口实验	键盘、显示器等接口设计
综合设计实验	应用系统设计与开发
拓展训练	

　　为便于不同专业、不同层次的学习者使用本教材,本书分为硬件平台实验和软件仿真实验两部分,硬件平台实验是基于 STAR ES598PCI 实验仪设计的,适用于拥有该设备的使用者学习使用;软件仿真实验是基于 Proteus 仿真平台设计的,适用于没有专用硬件平台者和其他自学者学习使用。每个实验项目和知识点都配有一个调试好的实验程序,并设计了若干练习思考题供学习者课前预习、课后练习。此外,本书针对不同层次、不同专业的学习者还提供了一些基于 Proteus 仿真平台以及基于 STAR ES598PCI 实验仪设计开发的综合设计性试验。

第 2 章   实 验 平 台

本书所使用的硬件平台是 STAR ES598PCI 实验仪。每个知识模块提供若干实验项目和实验练习题,可满足各高等院校进行单片机课程的开放式实验教学,可让参加电子竞赛的学生熟悉各种类型的接口芯片,做各种实时控制实验,轻松面对电子竞赛、完成毕业设计,亦可帮助刚参加工作的电子工程师迅速成为"高手"。STAR ES598PCI 具有实验仪与微机同步演示功能,可方便实验室老师的教学、演示。

2.1   实验仪配置方案

STAR ES598PCI 实验仪有 3 种配置方案:
(1) 较低配置:实验仪主机、仿真模块(不含逻辑分析仪功能、实时跟踪仪功能)。
(2) 中等配置:实验仪主机、仿真模块(带有逻辑分析仪功能、实时跟踪仪功能)。
逻辑分析仪功能:通过观察采样到的波形,可以让学生了解 CPU 执行指令的完整过程,加深对波形图的认识。
实时跟踪仪功能:记录程序运行轨迹。
(3) 高规格、使用灵活、适合电子竞赛配制:实验仪主机带有自动下载功能;可以另外配置各种仿真器。

2.2   实验仪功能

2.2.1   软件

(1) 完全支持 Keil,支持在 uVision2、uVision3 中使用实验仪。
(2) 提供星研集成环境软件,2004 年它已被认定为高新技术成果转化项目。
◇ 集编辑器、项目管理、启动编译、连接、错误定位、下载、调试于一体,多种实验仪、仿真器、多类型 CPU 仿真全部集成在一个环境下,操作方法完全一样。
◇ 完全 VC++ 风格。支持 C、PL/M、宏汇编:同时支持 Keil 公司的 C51,Franklin 公司的 C51,IAR/Archimedes 公司的 C51、Intel C96、Tasking 的 C196、Borland 的 Turbo C。
◇ 支持 ASM(汇编)、C、PLM 语言,多种语言多模块可混合调试,文件长度无限制。

◇ 支持 BIN、HEX、OMF、AUBROF 等文件格式。可以直接转载 ABS、OMF 文件。

◇ 支持所有数据类型观察和修改。自动收集变量于变量窗(自动、局部、模块、全局)。

◇ 无需点击的感应式鼠标提示功能。

◇ 功能强大的项目管理功能,含有调试该项目有关的仿真器或仿真模块、所有相关文件、编译软件、编译连接控制项等所有的硬软件信息,下次打开该项目,无需设置即可调试。

◇ 支持 USB、并口、串口通信。

◇ 提供模拟调试器。

◇ 符合编程语言语法的彩色文本显示,所有窗口的字体、大小、颜色可以随意设置。

(3) 提供了 50 多种实验的汇编、C51 版本的源文件。提供了一个库文件,如果学生上机时间有限,只需编写最主要的程序,其他调用库文件即可。

实验仪可支持以下软件实验:十进制数加法,十进制数减法,双字节 BCD 码乘法,双字节二进制数转十进制数,数据传送,冒泡排序,二分查找法,散转,电子钟,频率计等。

2.2.2 硬件

1. 传统实验

74HC244、74HC273 扩展简单的 I/O 口;蜂鸣器驱动电路;74HC138 译码;74HC164 串并转换;74HC165 并串转换;RS232 和 RS485 接口电路;8155,8255 扩展实验;8253 定时、分频实验;128×64 液晶点阵显示模块;16×16LED 点阵显示模块;键盘 LED 控制器 8279(配置了 8 位 LED,4×4 键盘);32 K 数据 RAM 读写(这使用 C51 编制较大实验成为可能);并行 A/D 实验;并行 D/A 实验;直流电机控制;步进电机控制;PWM 脉宽调制输出接口;继电器控制实验;逻辑笔;打印机实验;电子琴实验;74HC4040 分频(可得到十多种频率)。另外提供 8 个拨码盘、8 个发光二极管、8 个独立按键,单脉冲输出。

STAR ES598PCI 特有功能:8250 串行通信实验;8251 串行通信实验。

STAR ES598PA 特有功能:主板允许 P0、P2 口作为 I/O 口线使用;普通光耦实验、高速光耦实验;8155 键盘 LED 实验(共有 3 种键盘 LED 控制方式)。

2. 拓展实验

录音、放音模块实验;光敏实验;压力传感器实验;频率计实验;接触式 IC 卡读写实验;非接触式 IC 卡读写实验(扩展模块);触摸屏实验(扩展模块);NAND FALSH 实验(扩展模块)。

3. 串行接口实验

(1) 一线:DALLAS 公司的 DS18B20 测温实验。

(2) I²C:实时钟 PCF8563、串行 EEPROM 24C02A、键盘 LED 控制器实验。

(3) SPI:串行 D/A 实验、串行 A/D 实验、串行 EEPROM 及看门狗 X5045。

(4) Microwire 总线的串行 EEPROM:AT93C46。

(5) 红外通信实验。

(6) CAN:CAN2.0(扩展模块)。

(7) USB:USB1.1、USB2.0、USB 主控(扩展模块)。

(8) 以太网:10 M 以太网模块(扩展模块)。

(9) 蓝牙(扩展模块)。

4．闭环控制

（1）门禁系统实验。

（2）光敏实验或压力传感器实验。

（3）旋转图形展现实验。

（4）RTX-51 Real-Time OS。

（5）直流电机转速测量，使用光电开关或霍尔器件测量电机转速。

（6）直流电机转速控制，使用光电开关或霍尔器件精确控制电机转速。

（7）数字式温度控制，通过该实验可较好地认识控制在实际中的应用。

5．实验扩展区

提供扩展实验接口，用户可自行设计实验。可以提供 USB1.1、USB2.0、USB 主控、10 M 以太网接口的 TCP/IP 实验模块、CAN 总线、非接触式 IC 卡、触摸屏模块、GPS、GPRS、双通道虚拟示波器、虚拟仪器、读写优盘、CPLD、FPGA 模块。其他模块正在陆续推出中，如超声波测距、测速、蓝牙。

6．EDA-CPLD、FPGA 可编程逻辑实验

逻辑门电路，与门、或门、非门、异或门、锁存器、触发器、缓冲器等；半加器、全加器、比较器、二十进制计数器、分频器、移位寄存器、译码器；常用 74 系列芯片、接口芯片实验；8 段数码块显示实验；16×16 点阵式 LED 显示实验；串行通信收发；I^2C 总线等。

提供汇编语言及 C51 语言编写的实验范例。

2.3　实验仪器硬件介绍

图 2.1 为 STAR ES598PCI 的功能图示。下文将逐一介绍实验仪的各个功能模块、相应的结构，读者在编写程序前，首先要熟悉相应的硬件电路。

1．A1 区：12864 液晶显示模块

电路如图 2.2 所示。

12864J 液晶：

$\overline{\text{CS}}$：片选信号，低电平有效。

$\text{CS}\overline{1}/2$：左右半屏使能选择，H：左半屏，L：右半屏。

RS：选择读写的是指令还是数据，L：指令，H：数据。

RW：读写控制端，L：写操作，H：读操作。

12864M 液晶：JP6 的 16 脚是空脚。JP6 的 15 脚是 PSB：PSB 接高电平，单片机与液晶使用并行接口连接，连接方法与 12864J 完全相同；PSB 接低电平，单片机与液晶使用串行接口连接，此时 RS、RW、E 与单片机的 I/O 管脚相连（STAR ES59PA 才有该功能）。

STAR ES59PA：如果使用液晶，请使用 9 个短路块短接 JP111；如果不使用液晶，不要短接 JP111，液晶的所有信号线不与 STAR ES59PA 连接。

2．A2 区：16×16 LED 实验

电路如图 2.3 所示。

JP23、JP24 组成 16 根行扫描线；JP33、JP34 组成 16 根列扫描线。

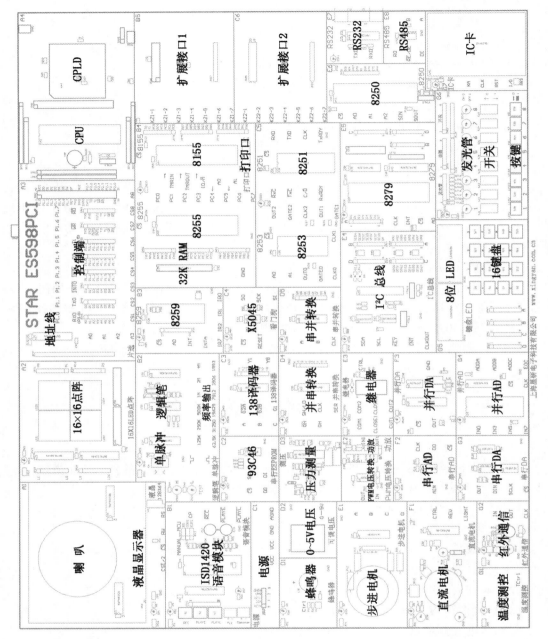

图 2.1 STAR ES598PCI

3. A3 区：CPU 总线、I/O 接口片选区

STAR ES598PCI：

JP45：地址线 A0…A7。

JP48、JP50：CPU 的 P0 口，它只能作为地址/数据总线使用，不能作 I/O 口使用。

JP51、JP55：CPU 的 P1 口。

JP59：CPU 的 P2 口，它可作地址线 A8…A15 使用。

JP61、JP64：CPU 的 P3 口，P3.7、P3.6 作读、写信号线用。

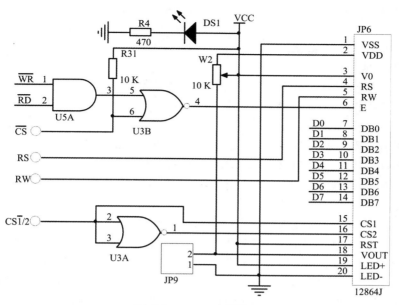

图 2.2　12864 液晶接口

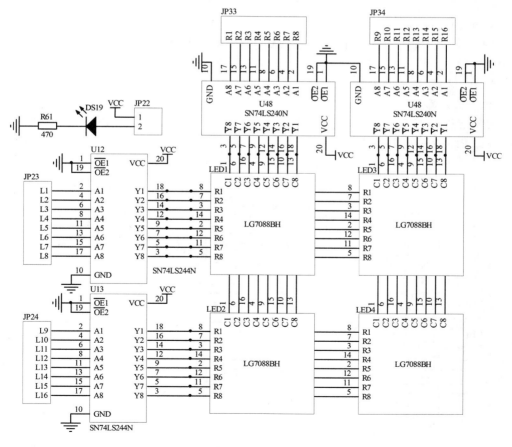

图 2.3　LG7088BH 点阵接口

　　JP66:相当于一个 CPU 座,使用 40 芯扁线与用户板相连,可仿真 P0、P2 口作地址/**数据**使用的 CPU。

　　STAR ES59PA:

　　JP37、JP45:地址线 A0…A7。

　　JP48、JP50:CPU 的 D0…D7,它只能作地址/数据总线使用,不能作 I/O 口使用。

　　JP32、JP94:CPU 的 P0 口。

　　JP51、JP55:CPU 的 P1 口。

　　JP59、JP95:CPU 的 P2 口,它可作 I/O、地址线 A8…A15 使用。

　　JP61、JP64:CPU 的 P3 口,P3.7、P3.6 作读、写信号线用。

　　JP31:如果 P0 作地址/数据总线使用,不要短接 JP31;否则短接 JP31。

　　片选区:

片选	地址范围	片选	地址范围
CS1	0F000H～0FFFFH	CS5	0B000H～0BFFFH
CS2	0E000H～0EFFFH	CS6	0A000H～0AFFFH
CS3	0D000H～0DFFFH	CS7	09000H～09FFFH
CS4	0C000H～0CFFFH	CS8	08000H～08FFFH

4. A4 区:控制区

仿真 CPU 位置,主控部分。

STAR ES59PA:

　　JP12:如果 P0 作 I/O 使用,用短路块短接 JP12;如果 P0 作地址/数据总线使用,不要短接 JP12。

5. B1 区:语音模块 ISD1420

电路如图 2.4 所示。

　　JP13、JP14、JP15:设置操作模式。MCU:CPU 控制方式;MANUAL:手动(REC、PLAYL、PLAYE)控制方式。

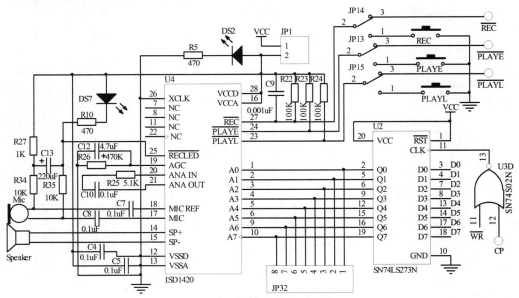

图 2.4　语音模块 ISD1420 电路

$\overline{\text{REC}}$：录音按键，低电平有效。

$\overline{\text{PLAYE}}$：电平放音按键，低电平有效，直到放音内容结束停止放音。

$\overline{\text{PLAYL}}$：边沿放音按键，下降沿有效，并在下一个上升沿停止放音。

6. B2 区：逻辑笔（图 2.5）、单脉冲（图 2.6）、频率发生器（图 2.7）

逻辑笔：测试接口，输入测量信号。

绿灯（DS13）：高电平点亮。

红灯（DS14）：低电平点亮。

两灯同时亮：频率信号。

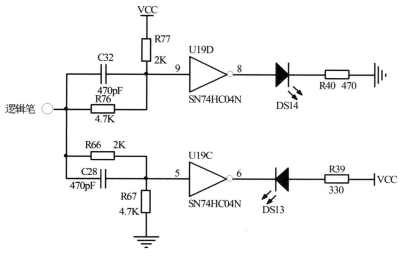

图 2.5　逻辑笔电路原理图

S4：脉冲发射开关。

正脉冲：上凸符号端口输出正脉冲。

负脉冲：下凹符号端口输出负脉冲。

4M：输出 4 MHz 频率信号。

其他端口输出的信号频率与端口下标识的数值一致。

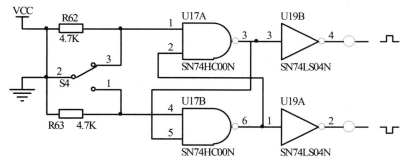

图 2.6　单脉冲电路原理图

7. B3 区：74LS273、74LS244（图 2.8）

$\overline{\text{CS244}}$：74LS244 片选信号，低电平有效。

$\overline{\text{CS273}}$：74LS273 片选信号，低电平有效。

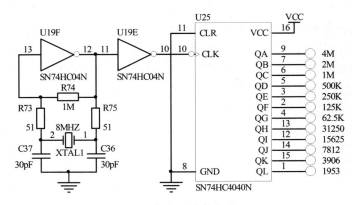

图 2.7　频率发生器电路原理图

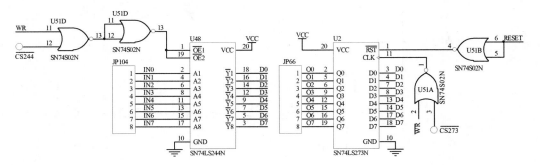

图 2.8　74LS273、74LS244 电路

8. B4 区:8155(图 2.9)、8255(图 2.10)

$\overline{\text{CS}}$:片选信号,低电平有效。

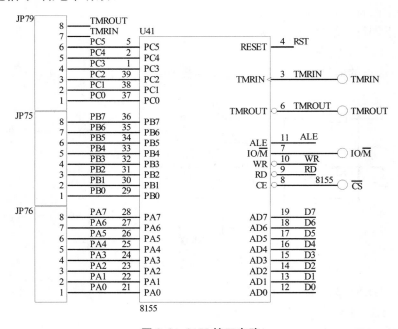

图 2.9　8155 接口电路

A0、A1：地址信号。

JP52：PC 口；JP53：PB 口；JP56：PA 口。

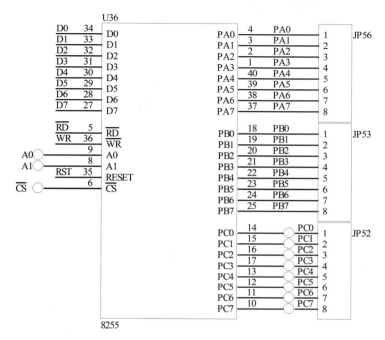

图 2.10　8255 接口

$\overline{CS}$：片选信号，低电平有效。

IO/M：高电平，选择 I/O 口；低电平，选择数据 RAM。

JP75：PB 口；JP76：PA 口；JP79：PC 口。

打印口电路如图 2.11 所示。

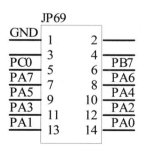

图 2.11　打印口电路

9. B5、C6 区：扩展区

实验仪提供了 2 个扩展区，用来扩展 USB1.1、USB2.0、USB 主控、以太网、CAN 总线、非接触式 IC 卡、双通道虚拟示波器、CPLD、FPGA、GPS、GPRS、NAND FLASH、触摸屏等扩展模块，其他模块正在陆续推出中。如果扩展模块较大，可以同时使用 2 个扩展区。

10. C1 区：电源区

C1 区为用户提供了 5 V（2 A）、+ 12 V（300 mA）、− 12 V（300 mA）等几种电源接口。

11. C2 区:93C46(图 2.12)

$\overline{CS}$:片选,高电平有效。

SCL:时钟。

DI:数据输入。

DO:数据输出。

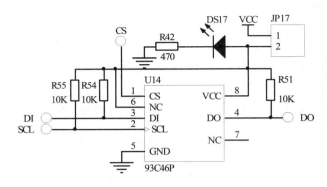

图 2.12　93C46

12. C3 区:138 译码器(图 2.13)

A、B、C:3 位数据输入口。

G1、$\overline{G2A}$、$\overline{G2B}$:译码控制口。

Y0~Y7:8 位译码数据输出口。

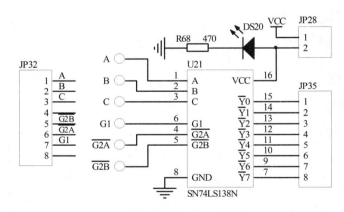

图 2.13　138 译码器

13. C4 区:X5045(图 2.14)

$\overline{CS}$:片选,低电平有效。

SCK:时钟。

SI:数据输入。

SO:数据输出。

RESET:复位信号输出端,高电平有效。

14. C5 区:8253(图 2.15)、8251(图 2.16)、光耦(图 2.17)

$\overline{CS}$:片选信号,低电平有效。

A0、A1：地址信号。

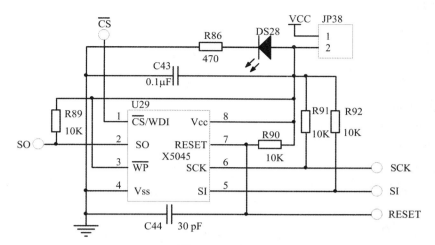

图 2.14 X5045

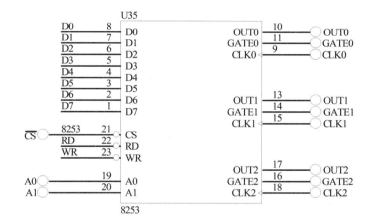

图 2.15 8253

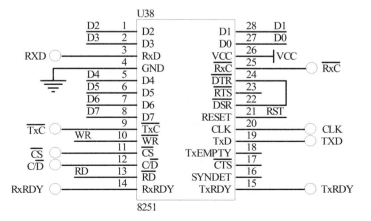

图 2.16 8251

STAR ES598PCI：

$\overline{\text{CS}}$：片选信号，低电平有效。

RxC、TxC：收发时钟。

C/D：命令/数据。

RXD、TXD：串行收发。

CLK：时钟。

STAR ES59PA：

sIN1、sIN2：TLP521 输入。

sOUT1、sOUT2：TLP521 输出。

hIN1、hIN2：6N137 输入。

hOUT1、hOUT2：6N137 输出。

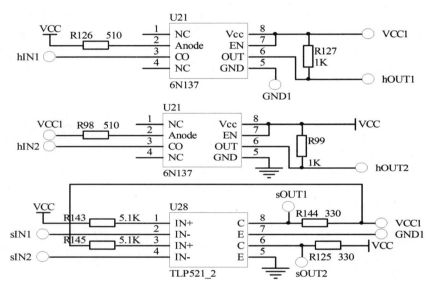

图 2.17　光耦

15. D1 区：蜂鸣器（图 2.18）

Ctrl：控制接口，0：蜂鸣。

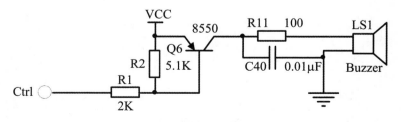

图 2.18　蜂鸣器

16. D2 区：0～5V 电压输出（图 2.19）

0～5V：电压输出端。

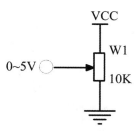

图 2.19　0～5V 电压输出

17. D3 区:光敏电阻(图 2.20)、压力测量(图 2.21)

R41、R57 是光敏电阻;OUT:模拟电压信号输出端。

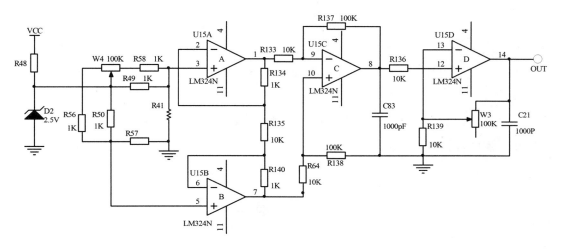

图 2.20　光敏电路

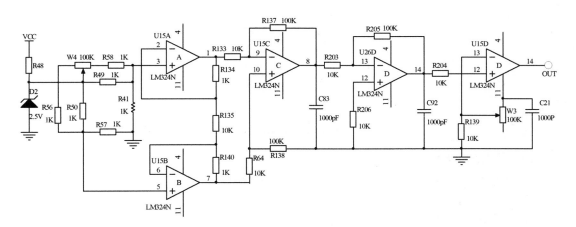

图 2.21　测压电路

OUT:压力模拟电压信号输出端;R41:电阻应变片,阻值 1 K。

18．D4 区：并串转换（图 2.22）

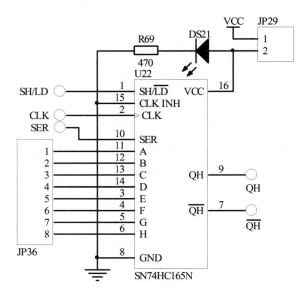

图 2.22　并串转换

19．D5 区：串并转换（图 2.23）

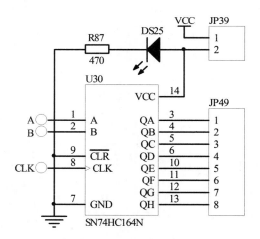

图 2.23　串并转换

20．E1 区：步进电机（图 2.24）

21．E2 区：PWM 电压转换（图 2.25）、功率放大模块（图 2.26）

IN：信号输入。

OUT：PWM 转换电压输出。

IN1：信号输入。

OUT1：信号输出。

22．E3 区：继电器（图 2.27）

CTRL：继电器开闭控制端。

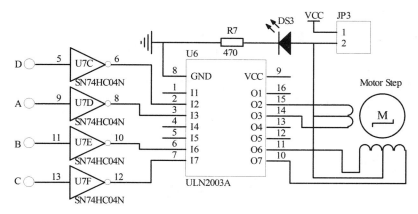

图 2.24　步进电机

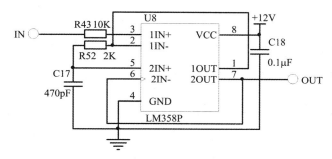

图 2.25　PWM 电压转换电路

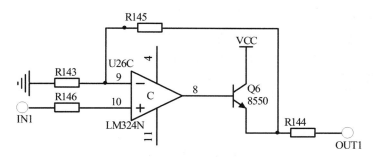

图 2.26　功率放大电路

COM1、COM2：公共端 1、2。

CLOSE1、CLOSE2：常闭端 1、2。

CUT1、2：常开端 1、2。

23．E4 区：I²C 总线（包括 24C02A、PCF8563P、ZLG7290）（图 2.28）

SDA：数据线。

SCL：时钟。

$\overline{\text{KEY}}$：按键中断，低有效。

$\overline{\text{INT}}$：PCF8563P 中断输出。

CLKOUT：PCF8563 频率输出。

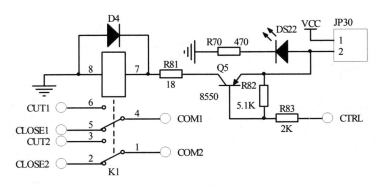

图 2.27 继电器

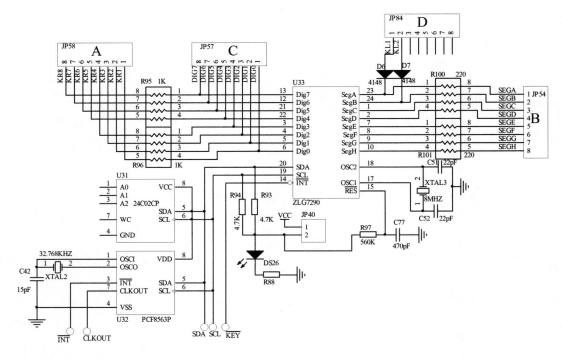

图 2.28 I²C 总线

A:接按键的列线。

B:接数码管段码。

C:接数码管选择脚。

D:接按键的行线。

24. E5 区:8279 键盘/LED 控制器(图 2.29)

$\overline{CS}$:片选信号,低电平有效。

A0:地址信号。

CLK:时钟。

A:接按键的列线。

B:接数码管段码。

C:接数码管选择脚。

D:接按键的行线。

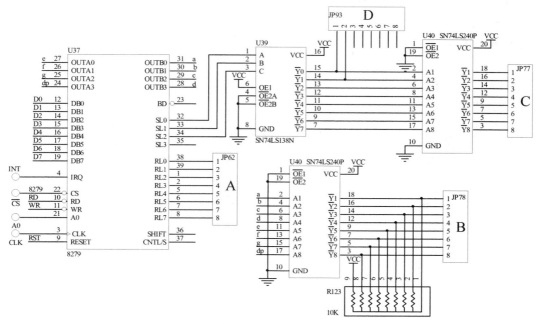

图 2.29　8279 键盘/LED 控制器

25．E6 区:8250 或键盘 LED 驱动模块(图 2.30、图 2.31、图 2.32)

STAR ES598PCI:

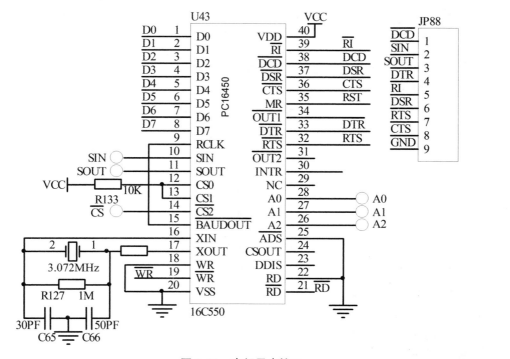

图 2.30　串行异步接口

$\overline{\text{CS}}$：片选信号，低电平有效。

A0、A1、A2：地址信号。

SIN：串行输入。

SOUT：串行输出。

STAR ES59PA：

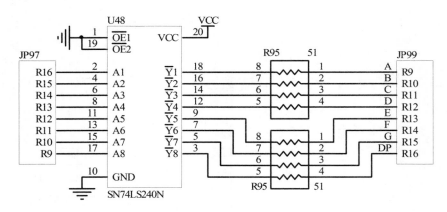

图 2.31　键盘接口

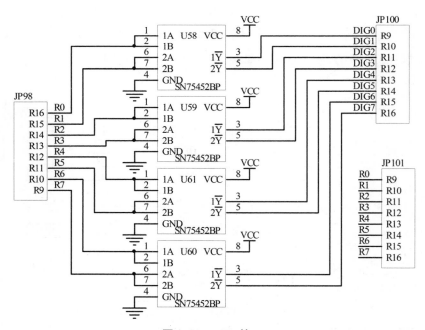

图 2.32　LED 接口

26. E7 区：RS232（图 2.33）

27. E8 区：RS485（图 2.34）

28. F1 区：直流电机转速测量/控制

（1）使用光电开关测速（图 2.35）。

（2）使用霍尔器件测速（图 2.36）。

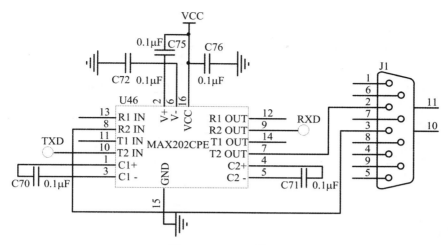

图 2.33　RS232 接口

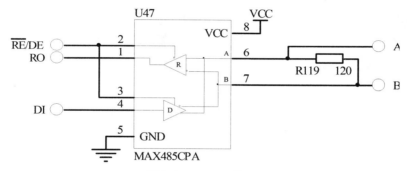

图 2.34　RS485 接口

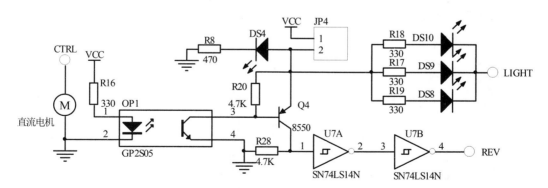

图 2.35　光电测速接口

CTRL：控制电压（DAC0832 经功放电路提供）输入。

REV：光电开关或霍尔器件脉冲输出（用于转速测量）。

LIGHT：低电平点亮发光管。

29．F2 区：串行 AD（图 2.37）

$\overline{\text{CS}}$：片选，低电平有效。

CLK：时钟输入端。

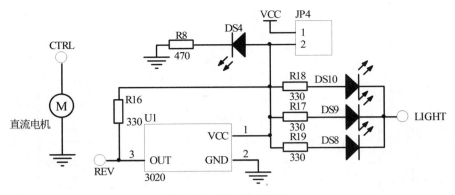

图 2.36　霍尔测速接口

AIN:模拟量输入端。

DO:数字量输出端。

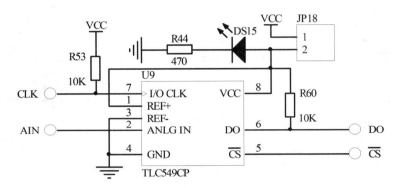

图 2.37　串行 AD 接口

30．F3 区:DAC0832 数模转换(图 2.38)

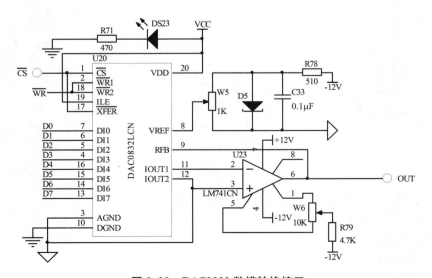

图 2.38　DAC0832 数模转换接口

$\overline{\text{CS}}$:片选,低有效。

OUT:转换电压输出。

电位器 W5:调整基准电压。

31. G1 区:温度测量/控制(图 2.39)

TOUT:数据线。

TCtrl:温度控制端,向发热电阻 RT1 供电。

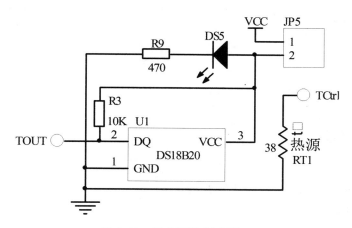

图 2.39　温度测量/控制接口

32. G2 区:红外通信(图 2.40)

IN:串行数据输入。

OUT:串行数据输出。

CLK:载波输入,可接 31250(B2 区)频率输出。

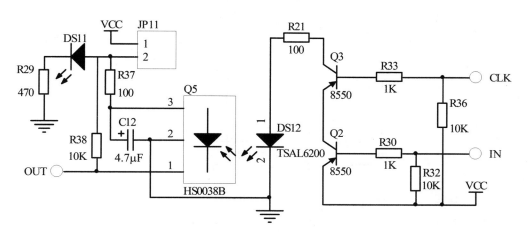

图 2.40　红外通信接口

33. G3 区:串行 DA(图 2.41)

$\overline{\text{CS}}$:片选,低电平有效。

SCLK:时钟。

DIN:数字量输入端。

OUT:模拟量输出端。

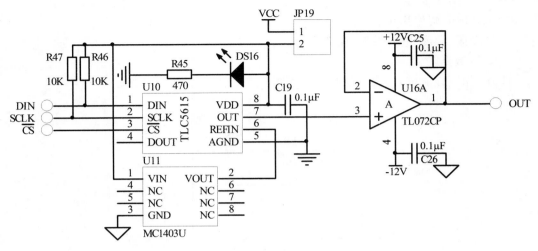

图 2.41　串行 DA 接口

34．G4 区:ADC0809 模数转换(图 2.42)

$\overline{\text{CS}}$:片选,低有效。

CLK:输入时钟(10~1280 kHz)。

ADDA,ADDB,ADDC:通道地址输入口。

EOC:转换结束标志,高有效。

IN0、IN3、IN5、IN7:模拟量输入。

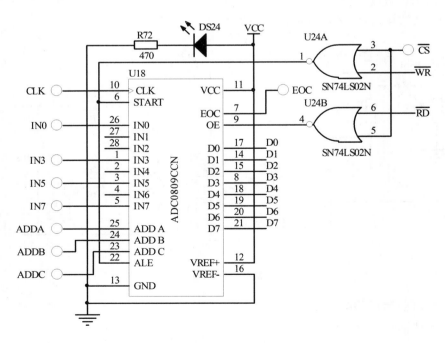

图 2.42　ADC0809 模数转换接口

35. G5 区:键盘 &LED(图 2.43)

A:按键的列线。

B:数码管段码。

C:数码管选择脚。

D:按键的行线。

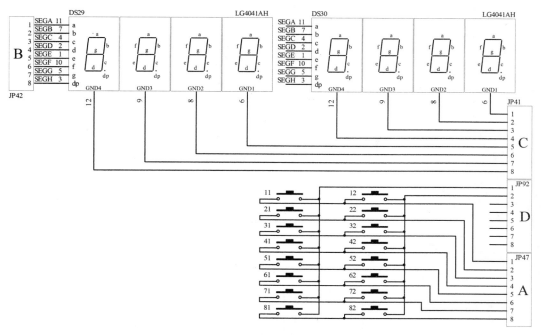

图 2.43 键盘 & LED 接口

36. G6 区:发光管(图 2.44)、按键(图 2.45)、开关(图 2.46)

JP65:发光管控制接口;0——灯亮,1——灯灭。

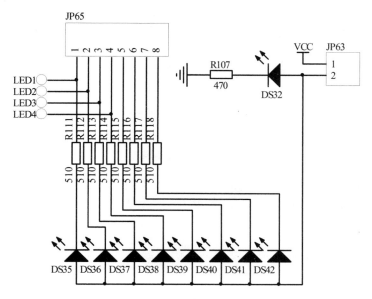

图 2.44 发光管电路原理图

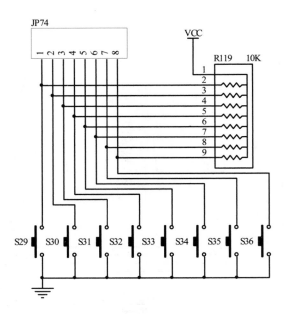

图 2.45　按键电路原理图

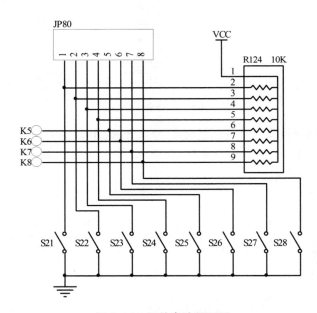

图 2.46　开关电路原理图

JP74:按键控制接口;按下——0 信号,松开——1 信号。

JP80:开关控制接口;闭合——0 信号,断开——1 信号。

37. G7 区:接触式 IC 卡(图 2.47)

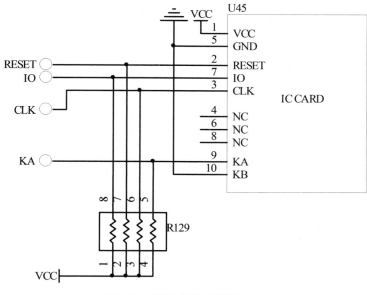

图 2.47　接触式 IC 卡接口

第3章 基础实验

本章将结合实验仪的所有单元电路(包括标准配置和可选各种模块)向读者逐一介绍各个实验,由浅入深,从最基础的实验开始,直到学会应用当今流行的各种单片机外围电路,开发有一定深度的单片机项目,硬件实验分为基础实验和综合实验两部分。读者也可以根据自己的理解及需要,将各个单元电路自行组合成具有实际意义的复杂单片机控制电路,在设计电路板前,需要在实验仪上作认证。

实验 1　流水灯实验

1．实验目的与要求

熟悉星研集成环境软件或熟悉 Keil C51 集成环境软件的使用方法。

熟悉 MCS51 汇编指令,能自己编写简单的程序,控制硬件。

2．实验设备

STAR 系列实验仪一套、PC 机一台

3．实验内容

(1) 熟悉星研集成环境软件或熟悉 Keil C51 集成环境软件的安装和使用方法。

(2) 按照接线图编写程序:使用 P1 口控制 G6 区的 8 个指示灯,循环点亮,瞬间只有一个灯亮。

(3) 观察实验结果,验证程序是否正确。

4．实验原理图(图 3.1)

5．实验步骤

(1) 连线说明:

A3 区:JP51(P1 口)。

G6 区:JP65(发光管)。

(2) 编写程序或运行参考程序。

(3) 实验结果:通过 G6 区的 LED 指示灯(8 个指示灯轮流点亮),观察实验的输出结果是否正确。

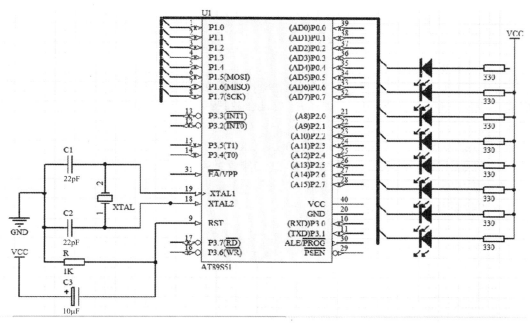

图 3.1　流水灯实验原理图

6. 演示程序

```
#include "reg52.h"
#include "intrins.h"
void delay()                    //延时
{
    unsigned int i;
    for (i = 0; i < 0xffff; i++)
    {;};
}

main()
{

    P1 = 0xfe;
    while(1)
    {

        P1 = _crol_(P1,1);
        delay();
    }
}
```

7. 实验扩展及思考

Delay 是一个延时子程序,改变延时常数,使用全速运行命令,显示发生了什么变化?

流水灯仿真实验

1. 实验目的

按照下图连接单片机电路图,P3 口连接 8 个 LED 发光二极管,设计一个 8 位二进制加法器,完成从 000000000 到 11111111 的计数,试编写程序让 8 个 LED 灯实现加法器显示。要求:

(1) 灯亮表示 1,灯灭表示 0,实现从 00000000~11111111 的加法过程。

(2) 开始计数前全灭全闪烁两次全亮,结束计数时闪烁两次全灭。

(3) 要有延时子程序、闪烁子程序。

2. 实验原理图(图 3.2)

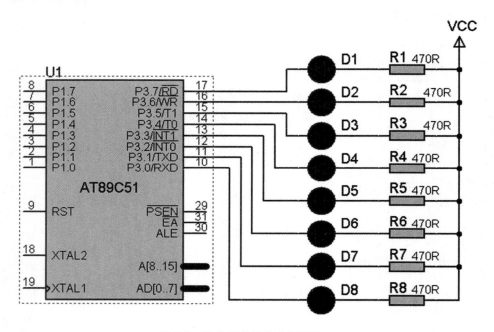

图 3.2   流水灯仿真实验原理图

3. 参考实验程序

```
＃include＜reg51.h＞    //包含单片机寄存器的头文件
/***********************功能:延时函数************************/
void delay(void)
{
    unsigned int i,j;
    for(i=0;i<300;i++)
        for(j=0;j<300;j++);
}
voidflash(void)
{
```

```
        P3 = 0xff;
        delay();
        P3 = 0x00;
        delay();
        P3 = 0xff;
        delay();
        P3 = 0x00;
        delay();
        delay();
    }
    /＊＊＊＊＊＊＊＊＊＊＊＊＊＊＊＊＊＊＊＊＊＊＊主函数＊＊＊＊＊＊＊＊＊＊＊＊＊＊＊＊＊
＊＊＊＊＊＊＊＊＊＊＊＊/
    void main(void)
    {
        unsigned char i;
        flash();
        while(i! = 0xff) //注意 i 的值不能超过 255
        {
            P3 = i;        //将 i 的值送 P0 口
            i + +;
            delay();//调用延时函数
        }
        flash();
    }
```

4. 实验思考题

(1) 修改程序使 LED 灯为 18 灯亮—27 灯亮—36 灯亮—45 灯亮,再将 LED 灯亮的顺序倒过来既:45 灯亮—36 灯亮—27 灯亮—18 灯亮,连续运行。

(2) 自行设计一个节日彩灯。

实验 2 中 断 实 验

1. 实验目的与要求

(1) 熟悉定时器/计数器的定时功能。

(2) 熟悉编写简单定时器中断程序,设计控制硬件。

2. 实验设备

STAR 系列实验仪一套、PC 机一台。

3. 实验内容

(1) 熟悉星研集成环境软件或熟悉 Keil C51 集成环境软件的安装和使用方法。

(2) 按照接线图编写程序:使用 P0 口控制 G6 区的 8 个指示灯,依次亮 1 s 灭 1 s 并一直如此显示,请用定时器 T0 的中断函数来编写。

（3）观察实验结果，验证程序是否正确。

4．实验原理图（图 3.3）

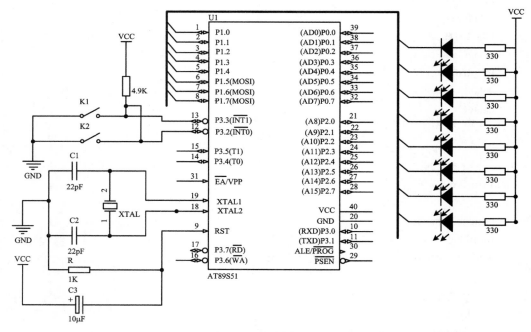

图 3.3　中断原理图

5．实验步骤

（1）连线说明：

A3 区：JP51（P1 口）——G6 区：JP65（流水灯）。

A3 区：JP61——G5 区：JP74。

（2）编写程序或运行参考程序。

（3）实验结果：通过 G6 区的 LED 指示灯（亮 1 s 灭 1 s），观察实验的输出结果是否正确。

6．实验程序

```
#include "reg52.h"
unsigned char i = 20;
main()
{
    TMOD = 0x01;
    TH0 = (65536 - 50000)/256;
    TH0 = (65536 - 50000)%256;
    P2 = 0xff;
    EA = 1;
    ET0 = 1;
    TR0 = 1;
    while(1)
    {
        ;
```

```
        }
    }
void  T0_INT(void) interrupt 1
{
TH0 = (65536 − 50000)/256;
TH0 = (65536 − 50000)%256;
i − −;
if (i = = 0)
    {
    P1 = ~P1;
    i = 20;
    }
}
```

7. 实验扩展及思考

(1) 修改程序,使 LED 灯亮灭 0.5 s,2 s 或其他的时间间隔。

(2) 利用 P3.1、P3.3 管脚设计一个能通过中断开关来设计实现 IP 寄存器和 IE 寄存器优先控制的中断控制系统,通过中断处理程序实现不同优先级和不同闪烁方式显示中断处理结果。

中断仿真实验

1. 实验目的

通过对 P3.2、P3.3 引脚的电平控制,实现外部中断处理,从而控制输出口 P1 的输出效果变化。

2. 实验参考原理图(图 3.4)

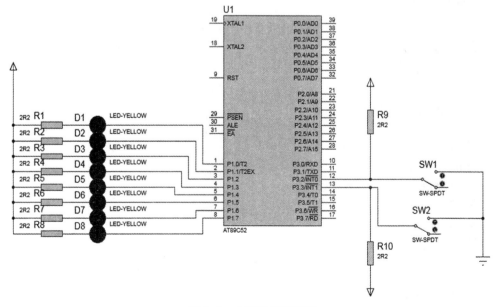

图 3.4　中断仿真原理图

3．参考实验程序

```
//用外中断 0 的中断方式进行数据采集和处理
#include<reg52.h>
#include<intrins.h>
void init();
void delay(unsigned int);

void main()
{
    init();
    while(1)
    {
        P1 = 0xff;
        delay(100);
        P1 = 0x00;
        delay(100);
    }
}
void init()
{
    EA = 1;
    IT0 = 0;
    IT1 = 0;
    EX0 = 1;
    EX1 = 1;
}
void delay(unsigned int n)
{
    unsigned int i,j;
    for(i=0;i<n;i++)
        for(j=0;j<110;j++);
}
void aa() interrupt 0
{
    unsigned char tmp = 0xfe;
    unsigned int i=0;
    P1 = tmp;
    delay(100);
    i = 7;
    while(i--)
    {
        tmp = _crol_(tmp,1);
        P1 = tmp;
        delay(100);
```

```
    }
    //delay(500);
    i = 7;
    while(i − −)
    {
        tmp = _cror_(tmp,1);
        P1 = tmp;
        delay(100);
    }
//delay(500);
}
void bb() interrupt 2
{
    P1 = 0xf0;
    delay(500);
    P1 = 0x0f;
    delay(500);
}
```

4．实验思考题

根据指导书中提供的原理图，自行设计一个外部中断实验，要求：

(1) 两个外部中断全部用上。

(2) 实验能体现不同中断优先级的中断源的相应情况。

(3) 不同中断处理程序能输出不同的响应效果。

实验 3　串行口实验

1．实验目的与要求

掌握 RS485 串行通信；初步了解远程控制方法。

2．实验设备

STAR 系列实验仪 2 套、PC 机 2 台。

3．实验内容

(1) RS485：

① 传输距离≤1.5 km，最大传输率≤2.5 Mb/s。

② 半双工工作方式。

(2) 实验过程：

① 主机通过 RS485 发出控制命令给从机。

② 从机收到控制命令，检验命令的正确性，执行命令：点亮相应的发光管。

4. 实验原理图(图 3.5)

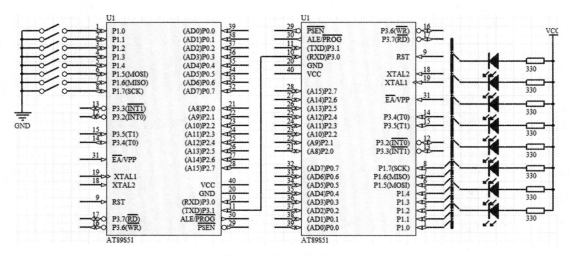

图 3.5　串口通信原理图

5. 实验步骤

(1) 主机连线说明:

E8 区:RO、DI、RE/DE——A3 区:TXD、RXD、P3.2(INT0)。

G6 区:JP80(开关)——A3 区:JP51(P1 口)。

E8 区:A、B;从机:A、B。

(2) 从机连线说明:

E8 区:RO、DI、RE/DE——A3 区:TXD、RXD、P3.2(INT0)。

G6 区:JP65(发光管)——A3 区:JP51(P1 口)。

(3) 命令正确,点亮相应发光管。

6. 实验程序

发送主机程序:

```
#include <reg51.H>
#define uchar unsigned char
#define uint unsigned int
void main()
{
    uchar temp;
    TMOD=0X20;//设置定时器1为工作方式2
    SCON=0X40;
    TH1=0XFD;//装初值
    TL1=0XFD;
    TR1=1;//启动 T
    P1=0XFF;
while(1)
{
    temp=P1;
    SBUF=temp;    //发送数据
```

```
        while(! TI);//检测数据是否发送完毕,未完在这个地方等待
        TI=0;      //发送到结束位时 TI 自动置 1,需软件置 0
    }
}
```

接收主机程序:
```
#include <reg51.H>
#define uchar unsigned char
#define uint unsigned int
uchar a;
void main()
{
    uchar temp=0;
    TMOD=0X20;//设置定时器 1 为工作方式 2
    SCON=0X50;
    TH1=0XFD;   //装初值
        TL1=0XFD;
        TR1=1;   //启动 T
        while(1)
    {
        RI=0;      //接收开始位时 RI 自动置 1,需软件置 0
        a=SBUF;       //接收数据
        P1=a;
    }
}
```

7. 实验扩展及思考

(1) RS485 通信如何实现既接收又发送的?

(2) 在掌握 RS485 串行通信和基本的远程控制方法的基础上,进行其他方面的远程控制,如远程控制电机转速、语音、温度测量、显示等,可以尽情发挥自己的想法。

串行口仿真实验

1. 实验目的

本实验实现双机通信,要求单片机 U1 通过其串行口 TXD 向单片机 U2 发送一个数据字符,数据字符由一组控制开关 sw1～sw8 控制调整,并从单片机 U1 的 P1 口输入后从 TXD 串行发送出去,单片机 U2 接收 U1 发送来的字符,再将接收到的字符通过 P1 口输出显示。

2. 实验原理图(图 3.6)

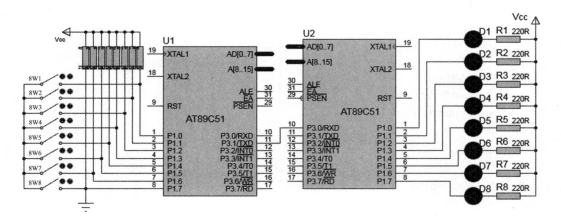

图 3.6　串口通信仿真原理图

3. 实验参考程序

```
/* * * * * * * * * 发送单片机的发送程序 * * * * * * * * * * * */
#include<reg51.h>        //包含寄存器的头文件
/* * * * * * * * * 向 PC 发送一个字节数据 * * * * * * * * * * * * * */
void Send(unsigned char date)
{
    SBUF = date;
    while(TI = = 0)
        ;
    TI = 0;
}
/* * * * * * * * * 延时约 150ms * * * * * * * * * */
void delay(void)
{
    unsigned char m,n;
        for(m = 0;m<200;m + +)
        for(n = 0;n<250;n + +)

            ;
        }
/* * * * * * * 函数功能:主函数 * * * * * * * * * */
void main(void)
{
    unsigned char temp;
    TMOD = 0x20;   //定时器 T1 工作于方式 2
    SCON = 0x40;   //串口工作方式 1
    PCON = 0x00;   //波特率 9600
    TH1 = 0xfd;    //根据规定给定时器 T1 赋初值
    TL1 = 0xfd;    //根据规定给定时器 T1 赋初值
    TR1 = 1;        //启动定时器 T1
```

```
P1 = 0xff;//读取 P1 端口数据
while(1)
{
    temp = P1;
    Send(temp);              //发送数据 i
    delay();       //50ms 发送一次检测数据
}
}
```

```
/* * * * * * * * * * 接收单片机的接收程序 * * * * * * * * * * * */
#include<reg51.h>         //包含单片机寄存器的头文件
/* * 接收一个字节数据 * * * * * * */
unsigned char Receive(void)
{
    unsigned char date;
    while(RI == 0)    //只要接收中断标志位 RI 没有被置"1"
        ;         //等待,直至接收完毕(RI = 1)
    RI = 0;          //为了接收下一帧数据,需将 RI 清 0
    date = SBUF;     //将接收缓冲器中的数据存于 dat
    return date;
}
/* * * * * 主函数 * * * * * * * */
void main(void)
{
    TMOD = 0x20;    //定时器 T1 工作于方式 2
    SCON = 0x50;    //SCON = 0101 0000B,串口工作方式 1,REN = 1
    PCON = 0x00;    //PCON = 0000 0000B,波特率 9600
    TH1 = 0xfd;    //根据规定给定时器 T1 赋初值
    TL1 = 0xfd;    //根据规定给定时器 T1 赋初值
    TR1 = 1;        //启动定时器 T1
    REN = 1;        //允许接收
    while(1)
    {
        P1 = Receive();//将接收到的数据送 P1 口显示
    }
}
```

4．课后思考题

设计一主机多从机的多机通信过程。要求:主机分别发送几组不同规律的数组到几个从单片机上,并通过接收从单片机的流水灯输出显示数据信息来检测接收结果。

附:一主三从的多机通信参考。参考原理图见图 3.7、图 3.8、图 3.9、图 3.10。

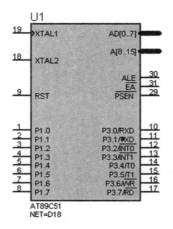

图 3.7　多机串口通信——主机 U1

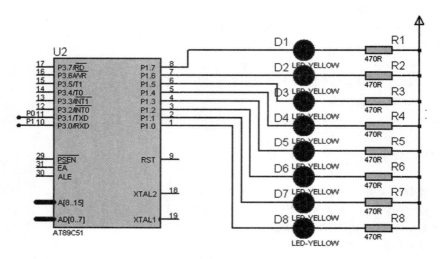

图 3.8　多机串口通信——从机 U2

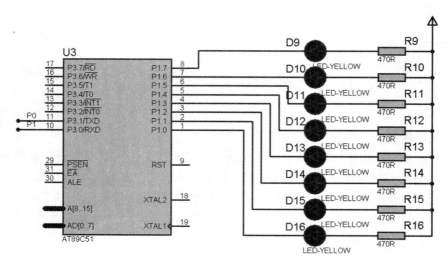

图 3.9　多机串口通信——从机 U3

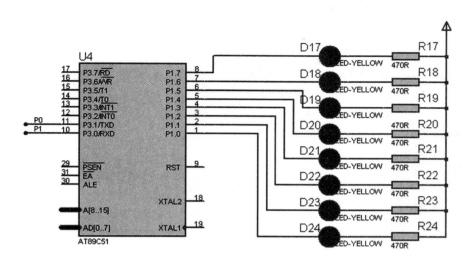

图 3.10 多机串口通信——从机 U4

参考程序：

```
//多机通信：U1 数据发送程序(波特率 9600,串口方式 3,T1 方式 2 )
#include<reg51.h>        //包含单片机寄存器的头文件
sbit p = PSW^0;
unsigned int i = 0;
unsigned int counts = 0;
unsigned int adds = 0;
unsigned char a = 0xff;
unsigned int code Tab[] = {0xFE,0xFD,0xFB,0xF7,0xEF,0xDF,0xBF,0x7F};
unsigned int codeTab1[] = {0x7F,0xBF,0xDF,0xEF,0xF7,0xFB,0xFD,0xFE};
void delay()
{
    unsigned int i, j;
    for(i = 0; i < 50; i + +)
        for(j = 0; j < 250; j + +);
}
void main()
{

    TMOD = 0x20;    //TMOD = 0010 0000B,定时器 T1 工作于方式 2
    TH1 = 0xfd;     //根据规定给定时器 T1 赋初值
    TL1 = 0xfd;     //根据规定给定时器 T1 赋初值
    TR1 = 1;        //启动定时器 T1
    SCON = 0xe0;    //SCON = 1110 0000B,串口工作方式 3,
                    //SM2 置 0,不使用多机通信,TB8 置 0
    PCON = 0x00;    //PCON = 0000 0000B,波特率 9600
    IE = 0x90;
    TB8 = 1;   //寻址
```

```
    SBUF = 0x00；    //第一次随便发,以便产生发送中断
    while(1)
    ;
}
void Time( ) interrupt 4    //"interrupt"声明函数为中断服务函数
{
    TI = 0；            //清中断标志
    counts + + ；
    if(counts > = 32)        //给每个从机发送信息
    {
        adds + + ；        //满足条件换下一个从机
        if(adds = = 3){
        adds = 0；
        }
        counts = 0；
    }

    if(adds = = 0)        //表示从机号
    {
        if(counts = = 0)
            {
        TB8 = 1；  //表示发送的是地址信息
        SBUF = 0x00；  //第一次发送给 0 号从机
        delay( )；
        } else TB8 = 0；//表示发送的是数据

        SBUF = Tab[i]；
                i + + ；
        delay( )；
            if(i = = 8)
            i = 0；
    }
    else if(adds = = 1)
    {
        if(counts = = 0)
        {
            TB8 = 1；  //表示发送的是地址信息
            SBUF = 0x01；    //第一次发送给 1 号从机
        delay( )；
            } else TB8 = 0；//表示发送的是数据

    SBUF = Tab1[i]；
                i + + ；
    delay( )；
```

```
            if(i = = 8)
            i = 0;
    }
    else if(adds = = 2)
    {
        if(counts = = 0)
        {
        TB8 = 1;  //表示发送的是地址信息
        SBUF = 0x02;    //第一次发送给 2 号从机
                        delay();
        } else TB8 = 0;//表示发送的是数据
        SBUF = a;
        delay();
        a = ~a;
        }
}
//多机通信:1 号单片机接收程序(波特率 9600,串口方式 3,T1 方式 2 )

#include<reg51. h>
sbit p = PSW^0;
unsigned char Receive(void)
{
    unsigned char dat;
    while(RI = = 0);
        RI = 0;         //为了接收下一帧数据,需将 RI 清 0
        dat = SBUF;     //将接收缓冲器中的数据存于 dat
    if(SM2)
    {
        if(dat = = 0x00)
        {
        SM2 = 0;
        return 0x00;
        }
      else
      {return 0xff;
      }
    }
    else{   return dat;}
}
void main(void)
{unsigned int x = 0;
    TMOD = 0x20;   //定时器 T1 工作于方式 2
    SCON = 0xf0;   //SCON = 1111 0000B,串口工作方式 3,允许接收(REN = 1)
    PCON = 0x00;   //PCON = 0000 0000B,波特率 9600
```

```
        TH1 = 0xfd；       //根据规定给定时器 T1 赋初值
        TL1 = 0xfd；       //根据规定给定时器 T1 赋初值
        TR1 = 1；          //启动定时器 T1
        REN = 1；          //允许接收
        while(1)
        {
            P1 = Receive()；//将接收到的数据送 P1 口显示
            x + + ；
            if(x>32){x = 0；
        SM2 = 1；
            }
        }
}
//多机通信：2 号单片机接收程序(波特率 9600,串口方式 3,T1 方式 2)
#include<reg51.h>
sbit p = PSW^0；
unsigned char Receive(void)
{
    unsigned char dat；
    while(RI = = 0)       //只要接收中断标志位 RI 没有被置"1"
        ；                //等待,直至接收完毕(RI = 1)
    RI = 0；              //为了接收下一帧数据,需将 RI 清 0

    dat = SBUF；         //将接收缓冲器中的数据存于 dat
    if(SM2 = = 1){
            if(dat = = 0x01)
            {
                SM2 = 0；
                return 0x00；
            }
            else{
                return 0xff；
                }
        }
    else{
        return dat；
        }
}


void main(void)
{ unsigned int dt = 0；
    TMOD = 0x20；  //定时器 T1,工作于方式 2
    SCON = 0xf0；
    PCON = 0x00；  //PCON = 0000 0000B,波特率 9600
```

```
    TH1 = 0xfd；    //根据规定给定时器 T1 赋初值
    TL1 = 0xfd；    //根据规定给定时器 T1 赋初值
    TR1 = 1；       //启动定时器 T1
    REN = 1；       //允许接收
    while(1)
    {
        P1 = Receive()；//将接收到的数据送 P1 口显示
        dt + + ；
        if(dt>32){
        dt = 0；
        SM2 = 1；}
    }
}


//多机通信:3 号单片机接收程序(波特率 9600,串口方式 3,T1 方式 2)
#include<reg51.h>
sbit p = PSW^0；
unsigned char Receive(void)
{
    unsigned char dat；
    while(RI = = 0)；  //等待,直至接收完毕(RI = 1)
    RI = 0；         //为了接收下一帧数据,需将 RI 清 0
    dat = SBUF；      //将接收缓冲器中的数据存于 dat
    if(SM2){    if(dat = = 0x02)
                {   SM2 = 0；
                    return 0x00；
                    }
            else{ return 0xff；
                    }
                }
    else{
        return dat；
        }
}


void main(void)
{unsigned int x = 0；
    TMOD = 0x20；    //定时器 T1 工作于方式 2
    SCON = 0xf0；    //SCON = 1101 0000B,串口工作方式 3,允许接收(REN = 1)
    PCON = 0x00；    //PCON = 0000 0000B,波特率 9600
    TH1 = 0xfd；     //根据规定给定时器 T1 赋初值
    TL1 = 0xfd；     //根据规定给定时器 T1 赋初值
    TR1 = 1；        //启动定时器 T1
    REN = 1；        //允许接收
```

```
while(1)
{
    P1 = Receive()；//将接收到的数据送 P1 口显示
            x++；
    if(x>32){
            x = 0；
    SM2 = 1；
            }
    }
}
```

实验 4　定时器/计数器实验

1. 实验目的与要求

(1) 熟悉定时器/计数器的定时功能。

(2) 熟悉编写简单定时器中断程序,学会设计控制硬件。

2. 实验设备

STAR 系列实验仪一套、PC 机一台。

3. 实验内容

(1) 熟悉星研集成环境软件或熟悉 Keil C51 集成环境软件的安装和使用方法。

(2) 按照接线图编写程序:使用 P1 口控制 G6 区的 8 个指示灯,依次亮 1 s 灭 1 s 并一直如此显示,请用定时器 T0 的中断函数来编写。

(3) 观察实验结果,验证程序是否正确。

4. 实验原理图(图 3.11)

5. 实验步骤

(1) 连线说明:

A3 区:JP51(P1 口)——G6 区:JP65(发光管)。

(2) 编写程序或运行参考程序。

(3) 实验结果:通过 G6 区的 LED 指示灯(亮 1 s 灭 1 s),观察实验的输出结果是否正确。

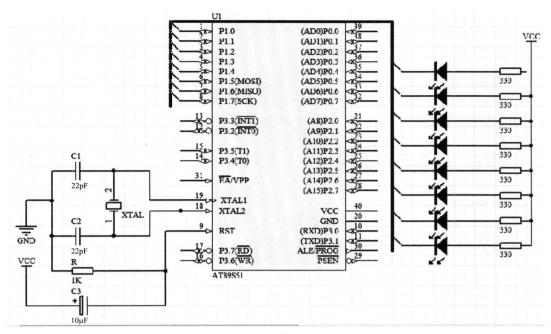

图 3.11 定时器实验原理图

6．实验程序

```c
#include "reg52.h"
unsigned char i=20;
main()
{
TMOD=0x01;
TH0=(65536-50000)/256;
TH0=(65536-50000)%256;
P1=0xff;
EA=1;
ET0=1;
TR0=1;
    while(1)
    {
        ;
    }
}
void  T0_INT(void) interrupt 1
{
    TH0=(65536-50000)/256;
    TH0=(65536-50000)%256;
    i--;
    if (i==0)
        {
```

```
            P1 = ～P1；
            i = 20；
        }
}
```

7. 实验扩展及思考

(1) 修改程序，使 LED 灯亮灭 0.5 s,2 s 或其他的时间间隔。

(2) 改变连线和程序，产生一个 1 kHz 的连续的音频信号，并用蜂鸣器输出。

定时器/计数器仿真实验

1. 实验目的

用定时器 T0 的中断实现定时，系统时钟为 12 MHz,通过使用定时器 T0 的中断来控制 P1.4 引脚的 LED 灯闪烁，要求闪烁时间 2 s,即亮 1 s,灭 1 s。

2. 实验原理图(图 3.12)

实验参考电路图如下(注释，下图有错只有 D1 等闪烁，既亮 1 s,灭 1 s)：

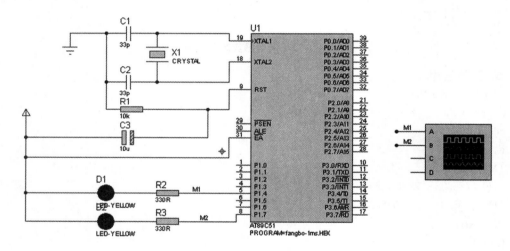

图 3.12　定时器仿真实验原理图

3. 参考实验程序

```
#include<reg51.h>
sbit D1 = P1^4；    //将 D1 位定义为 P1.4 引脚
unsigned char Countor；//定义一个全局变量 Countor 记录 T0 中断次数
void main(void)//主函数
{
    EA = 1；                 //开中断
    ET0 = 1；
    TMOD = 0x01；            //使用 T0 工作定时模式，方式 2
    TH0 = (65536 - 15536)/256；//T0 赋初值
    TL0 = (65536 - 15536)%256；
    TR0 = 1；                //启动 T0
```

```
    Countor = 0;              //中断次数记录
    while(1);
}
void Time0(void) interrupt 1 using 0  //T0 的中断服务函数
{
    Countor + + ;    //中断次数累加
    if(Countor = = 20)  //若累计满 20 次,即计时满 1 s
    {
            D1 = ~D1;      //将 P1.4 输出取反
            Countor = 0;   //将 Countor 清 0,重新计数
    }
    TH0 = (65536 - 15536)/256;  //T0 重新赋初值
    TL0 = (65536 - 15536)%256;
}
```

4. 实验思考题

(1) 修改程序使用定时器 T1 的中断方式来控制 P1.4 、P1.7 引脚的 LED 灯分别以 200 ms 和 800 ms 的周期闪烁

(2) 设计一个 1 kHz 断续的音频信号,并用蜂鸣器输出。

附:参考原理图(图 3.13)与参考程序。

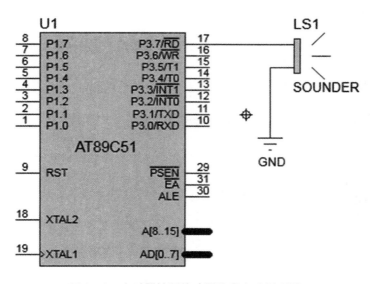

图 3.13　定时器控制蜂鸣器仿真实验原理图

参考程序
```
#include<reg51.h>
#define uint unsigned int
sbit sound = P1^0;    //将 sound 位定义为 P1.0 引脚
uint count;
void delay(uint);
void main(void)
{
```

```
    TMOD＝0x01；//T0 工作于方式1
    EA＝1；                      //开总中断
    count＝0；
    TH0＝(65536－1000)/256；   //T0 赋初值
        TL0＝(65536－1000)%256；
    TR0＝1；
    ET0＝1；
        while(1)
    {while(TF0＝＝0)；//无限循环等待中断
        if(count＝＝200)
        {TR0＝0；
        delay(200)；
        TR0＝1；
        count＝0；
        }
    }
}

void delay(uint z)
    {
    uint x,y；
    for(x＝z；x＞0；x－－)
    for(y＝124；y＞0；y－－)；
    }
voidTime0(void) interrupt 1 using 0 //T1 中断服务程序
{
    count＋＋；
    sound＝～sound；
    TH0＝(65536－1000)/256；   //T0 重新赋初值
    TL0＝(65536－1000)%256；
}
```

实验 5　键盘输入实验

1．实验目的与要求
（1）熟悉定时器/计数器的定时功能。
（2）熟悉编写简单定时器中断程序,控制硬件。
2．实验设备
STAR 系列实验仪一套、PC 机一台。

3．实验内容

(1) 熟悉星研集成环境软件或熟悉 Keil C51 集成环境软件的安装和使用方法。

(2) 通过检测输入开关来控制 LED 灯的亮灭。

(3) 观察实验结果，验证程序是否正确。

4．实验原理图(图 3.14)

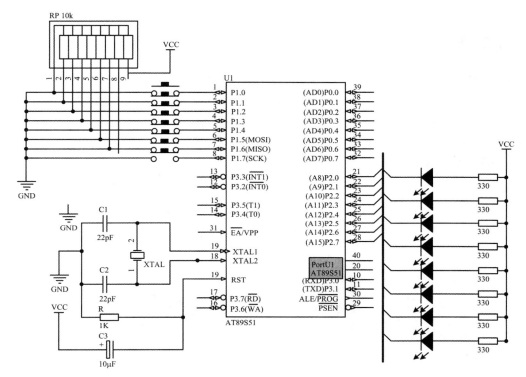

图 3.14　键盘输入接口原理图

5．实验步骤

(1) 连线说明：

A3 区：JP51(P1 口)——G6 区：JP65(发光管)。

A3 区：JP59(P3 口)——G6 区：JP80(开关)。

(2) 编写程序或运行参考程序。

(3) 实验结果：通过检测按钮开关的输入状态来控制 LED 灯的亮灭观察实验的输出结果是否正确。

6．实验程序

```
#include <reg51.h>
void  main(  )                /*主函数*/

{P3 = 0xff；
    while (1)
    {
    unsigned char temp；       /*定义临时变量 temp*/
```

```
        temp= P3；                      /*读 P1 口,送临时变量 temp */
        P1= temp；             /* 临时变量值写入 P2 口输出*/
        }
}
```

7．实验扩展及思考

利用图 3.14 中所示的 8 个独立式键盘,设计一个简易的八位抢答器。

键盘输入仿真实验

1．实验目的

设计一个 4×4 的矩阵键盘,键盘的号码为 0～15,要求编写一个键盘输入扫描程序,要求单片机能根据键盘排列顺序,能将按下去的键盘号码正确识别出来,并采用两个数码管分别表示键盘号码的个位和十位。

2．实验参考原理图(图 3.15)

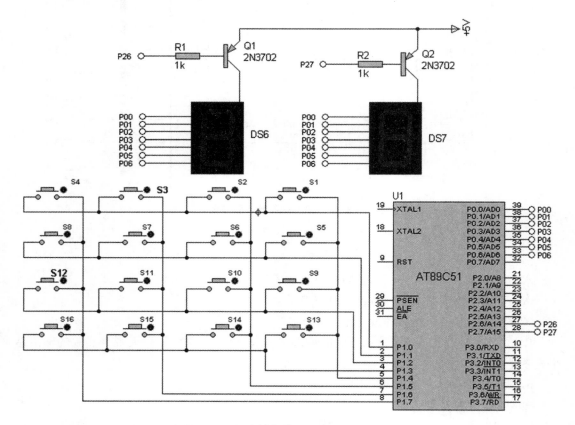

图 3.15　矩阵键盘输入接口仿真原理图

3．参考实验程序

```
＃include＜reg51.h＞    //包含 51 单片机寄存器定义的头文件
sbit P14= P1^4；
sbit P15= P1^5；
```

```
sbit P16 = P1^6;
sbit P17 = P1^7;
unsigned char code Tab[ ] = {0xc0,0xf9,0xa4,0xb0,0x99,0x92,0x82,0xf8,0x80,0x90};        //数字 0
~9 的段码
unsigned char keyval;


/* * * * * * * * * * * * * * * * * * * * * * * * * * * * * * * * * * * * * * *
* * * * * * * * * * * * * * * * * * * *
    函数功能:数码管动态扫描延时
 * * * * * * * * * * * * * * * * * * * * * * * * * * * * * * * * * * * * * * * *
* * * * * * * * * * * * * * * * * * */
void led_delay(void)
{
    unsigned char j;
for(j=0;j<200;j++)
;
    }
/* * * * * * * * * * * * * * * * * * * * * * * * * * * * * * * * * * * * * * * *
* * * * * * * * * * * * * * * * * * * *
    函数功能:按键值的数码管显示子程序
 * * * * * * * * * * * * * * * * * * * * * * * * * * * * * * * * * * * * * * * *
* * * * * * * * * * * * * * * * * * * */
void display(unsigned char k)
{
    P2 = 0xbf;
    P0 = Tab[k/10];
    led_delay();
    P2 = 0x7f;
        P0 = Tab[k%10];
led_delay();
}
/* * * * * * * * * * * * * * * * * * * * * * * * * * * * * * * * * * * * * * * *
* * * * * * * * * * * * * * * * * *
    函数功能:软件延时子程序
 * * * * * * * * * * * * * * * * * * * * * * * * * * * * * * * * * * * * * * * *
* * * * * * * * * * * * * * * * * * */
void delay20ms(void)
{
    unsigned char i,j;
for(i=0;i<100;i++)
for(j=0;j<60;j++)
            ;
}
/* * * * * * * * * * * * * * * * * * * * * * * * * * * * * * * * * * * * * * * *
```

```
* * * * * * * * * * * * * * * * * *
    函数功能:主函数
    * * * * * * * * * * * * * * * * * * * * * * * * * * * * * * * * * *
* * * * * * * * * * * * * * * * * * * */
    void main(void)
    {
        EA=1;
    ET0=1;
    TMOD=0x01;
    TH0=(65536-500)/256;
    TL0=(65536-500)%256;
    TR0=1;
    keyval=0x00;

    while(1)
    {
    display(keyval);
    }
    }
    /* * * * * * * * * * * * * * * * * * * * * * * * * * * * * * * * * * *
* * * * * * * * * * * * * * * * *
    函数功能:定时器0的中断服务子程序,进行键盘扫描,判断键位
    * * * * * * * * * * * * * * * * * * * * * * * * * * * * * * * * * *
* * * * * * * * * * * * * * * * * * * */
        void time0_interserve(void) interrupt 1 using 1
        {
            unsigned char k;
            TR0=0;
            P1=0xf0;
    if((P1&0xf0)! =0xf0)
        delay20ms();
    if((P1&0xf0)! =0xf0)
        {
        unsigned char code Tab1[ ]={0xfe,0xfd,0xfb,0xf7};
        for(k=0;k<4;k++)
            {   P1=Tab1[k];
                if(P14= =0)
                    keyval=k*4+1;
                if(P15= =0)
                    keyval=k*4+2;
                if(P16= =0)
                    keyval=k*4+3;
                if(P17= =0)
                    keyval=k*4+4;
```

```
          }
      }
      TR0 = 1;
      TH0 = (65536 - 500)/256;
   TL0 = (65536 - 500)%256;
}
```

4. 实验思考题

修改实验电路图和实验程序以及设计电路,呈现静态显示。

实验 6　LCD 输出实验

1. 实验目的与要求

了解图形液晶模块的控制方法;了解它与单片机的接口逻辑;掌握使用图形点阵液晶显示字体和图形。

2. 实验设备

STAR 系列实验仪一套、PC 机一台。

3. 实验内容

(1) 12864J 液晶显示器:

① 图形点阵液晶显示器,分辨率为 128×64。可显示图形和 8×4 个(16×16 点阵)汉字。

② 采用 8 位数据总线并行输入输出和 8 条控制线。

③ 简单的 7 种指令。

(2) 实验过程:

在 12864J 液晶上显示一段字,包括汉字和英文:"星研电子""STAR ES51PRO""欢迎使用",三行字。

4. 实验原理图(图 3.16)

5. 实验步骤

(1) 主机连线说明:

A1 区:CS、RW、RS、CS1/2——A3 区:CS1、A0、A1、A2。

(2) 运行程序,验证显示结果。

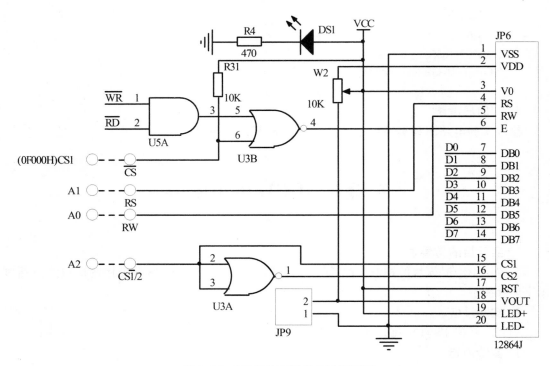

图 3.16　12864 液晶输出接口原理图

6. 演示程序（完整程序见目录 LCD12864J）

//；1.12864J 显示程序：12864j.c

```
/* * * * * * * * * * * * * * * * * * * * * * * * * * * * * * * * * * * * * *
* * * * * * * * * * * * *
    * 12864J 液晶显示器
    * 12864J:1.图形点阵液晶显示器,分辨率为128×64。可显示图形
    *    和 8×4 个(16×16 点阵)汉字。
    *    2.采用 8 位数据总线并行输入输出和 8 条控制线。
    *    3.指令简单,7 种指令。
    * * * * * * * * * * * * * * * * * * * * * * * * * * * * * * * * * * * * * *
* * * * * * * * * * * * * */
    xdata unsigned char WR_COM_AD_L_at_ 0xF004；    //写左半屏指令地址
    xdata unsigned char WR_COM_AD_R_at_ 0xF000；    //写右半屏指令地址
    xdata unsigned char WR_DATA_AD_L _at_ 0xF006；    //写左半屏数据地址
    xdata unsigned char WR_DATA_AD_R _at_ 0xF002；    //写右半屏数据地址
    xdataunsigned char RD_BUSY_AD _at_ 0xF001；    //查忙地址
    xdata unsigned char RD_DATA_AD _at_ 0xF003；    //读数据地址


    #define X       0xB8        //起始显示行基址
    #define Y       0x40        //起始显示列基址
    #define FirstLine0xC0        //起始显示行
```

```
// * * * * * * * * * * * * * * * * * * * * * * * * * * * * * * * * * * *
//基本控制
// * * * * * * * * * * * * * * * * * * * * * * * * * * * * * * * * * * *
//写左半屏控制指令
void WRComL(unsigned char _data)
{
    WR_COM_AD_L = _data;
    while(RD_BUSY_AD & 0x80)         //检查液晶显示是否处于忙状态
    {;}
}


//写右半屏控制指令
void WRComR(unsigned char _data)
{
    WR_COM_AD_R = _data;
    while(RD_BUSY_AD & 0x80)         //检查液晶显示是否处于忙状态
    {;}
}


//写左半屏数据
void WRDataL(unsigned char _data)
{
    WR_DATA_AD_L = _data;
    while(RD_BUSY_AD & 0x80)         //检查液晶显示是否处于忙状态
    {;}
}


//写右半屏数据
void WRDataR(unsigned char _data)
{
    WR_DATA_AD_R = _data;
    while(RD_BUSY_AD & 0x80)         //检查液晶显示是否处于忙状态
    {;}
}


//显示左半屏数据,count－显示数据个数
void DisplayL(unsigned char * pt, char count)
{
    while(count－－)
    {
        WRDataL( * pt＋＋);                   //写左半屏数据
    }
}
```

```
//显示右半屏数据,count-显示数据个数
void DisplayR(unsigned char * pt, char count)
{
    while(count--)
    {
        WRDataR(* pt++);                    //写右半屏数据
    }
}


//设置左半屏起始显示行列地址,x-X起始行序数(0-7),y-Y起始列序数(0-63)
void SETXYL(unsigned char x, unsigned char y)
{
    WRComL(x+X);                    //行地址=行序数+行基址
    WRComL(y+Y);                    //列地址=列序数+列基址
}


//设置右半屏起始显示行列地址,x:X起始行序数(0-7),y:Y起始列序数(0-63)
voidSETXYR(unsigned char x, unsigned char y)
{
    WRComR(x+X);                    //行地址=行序数+行基址
    WRComR(y+Y);                    //列地址=列序数+列基址
}


//* * * * * * * * * * * * * * * * * * * * * * * * * * * * * * * * * *
//显示图形
//* * * * * * * * * * * * * * * * * * * * * * * * * * * * * * * * * *
//显示左半屏一行图形,A-X起始行序数(0-7),B-Y起始列地址序数(0-63)
void LineDisL(unsigned char x, unsigned char y, unsigned char * pt)
{
    SETXYL(x,y);                    //设置起始显示行列
    DisplayL(pt, 64);               //显示数据
}


//显示右半屏一行图形,A-X起始行地址序数(0-7),B-Y起始列地址序数(0-63)
void LineDisR(unsigned char x, unsigned char y, unsigned char * pt)
{
    SETXYR(x,y);                    //设置起始显示行列
    DisplayR(pt, 64);               //显示数据
}


//* * * * * * * * * * * * * * * * * * * * * * * * * * * * * * * * * *
//显示字体,显示一个数据要占用X行位置
//* * * * * * * * * * * * * * * * * * * * * * * * * * * * * * * * * *
//右半屏显示一个字节/字:x-起始显示行序数X(0-7);y-起始显示列序数Y(0-63);pt-显示字
```

数据首地址

```
void ByteDisR(unsigned char x, unsigned char y,unsigned char * pt)
{
    SETXYR(x,y);          //设置起始显示行列地址
    DisplayR(pt, 8);      //显示上半行数据
    SETXYR(x+1,y);        //设置起始显示行列地址
    DisplayR(pt+8, 8);    //显示下半行数据
}


void WordDisR(unsigned char x, unsigned char y,unsigned char * pt)
{
    SETXYR(x,y);          //设置起始显示行列地址
    DisplayR(pt, 16);     //显示上半行数据
    SETXYR(x+1,y);        //设置起始显示行列地址
    DisplayR(pt+16, 16);  //显示下半行数据
}
```

//左半屏显示一个字节/字:x-起始显示行序数 X(0-7);y-起始显示列序数 Y(0-63);pt-显示字
数据首地址

```
void ByteDisL(unsigned char x, unsigned char y,unsigned char * pt)
{
    SETXYL(x,y);          //设置起始显示行列地址
    DisplayL(pt, 8);      //显示上半行数据
    SETXYL(x+1,y);        //设置起始显示行列地址
    DisplayL(pt+8, 8);    //显示下半行数据
}


void WordDisL(unsigned char x, unsigned char y,unsigned char * pt)
{
    SETXYL(x,y);          //设置起始显示行列地址
    DisplayL(pt, 16);     //显示上半行数据
    SETXYL(x+1,y);        //设置起始显示行列地址
    DisplayL(pt+16, 16);  //显示下半行数据
}
//清屏
void LCDClear()
{
//清左半屏
    unsigned char x,y;
    char j;
    x = 0;                //起始行,第0行
    y = 0;                //起始列,第0列
    for (x = 0; x < 8; x++)    //共8行
    {
```

```
            SETXYL(x,y);          //设置起始显示行列地址
            j = 64;
            while (j－－)
                WRDataL(0);
        }
    //清右半屏
        x = 0;                //起始行,第 0 行
        y = 0;                //起始列,第 0 列
        for (x = 0; x < 8; x++)        //共 8 行
        {
            SETXYR(x,y);          //设置起始显示行列地址
            j = 64;
            while (j－－)
                WRDataR(0);
        }
    }


//液晶初始化
    void LCD_INIT()
    {
        WRComL(0x3e);          //初始化左半屏,关显示
        WRComL(FirstLine);          //设置起始显示行,第 0 行
        WRComR(0x3e);          //初始化右半屏,关显示
        WRComR(FirstLine);          //设置起始显示行,第 0 行
        LCDClear();        //清屏
        WRComL(0x3f);        //开显示
        WRComR(0x3f);        //开显示
    }
//;主程序 main.c
/ * * * * * * * * * * * * * * * * * * * * * * * * * * * * * * * * * * * * *
* * * * * * * * * * * *
    //;图形点阵液晶显示器实验说明
    //;实验目的:      1.掌握使用图形点阵液晶显示字体和图形
    //;实验内容:      1.显示一个图形
    //;      2.显示一段字,包括汉字和英文
    //;连线说明:
    //;液晶 12864J:A1 区－－>A3 区
    //;      CS－－>CS1(0F000H),片选
    //;      RW－－>A0,读/写控制端
    //;      RS－－>A1,数据/指令控制端
    //;      CS1/2－－>A2,左右半屏使能端
    * * * * * * * * * * * * * * * * * * * * * * * * * * * * * * * * * * * *
* * * * * * * * * * * * */
    extern void LCD_INIT();
```

```
extern void WordDisL(unsigned char x, unsigned char y,unsigned char * pt);
extern void WordDisR(unsigned char x, unsigned char y,unsigned char * pt);
extern void ByteDisL(unsigned char x, unsigned char y,unsigned char * pt);
extern void ByteDisR(unsigned char x, unsigned char y,unsigned char * pt);


//－－文字：　星　－－
code const unsigned char Line1_1[] = {
     0x00,0x00,0xFC,0x82,0x82,0xAA,0x2A,0xAA,0xAA,0xAA,0x2A,0x02,0x02,0xFC,
0x00,0x00,
     0x00,0xEE,0x9B,0x90,0x98,0x94,0x95,0x80,0x80,0x80,0x95,0x95,0x95,0x95,0xFF,0x00};
//－－文字：　研　－－
code const unsigned char Line1_2[] = {
     0x9E,0x62,0x02,0x02,0x02,0x32,0xFE,0x62,0x02,0x02,0x32,0x02,0x02,0x02,0x62,0xDC,
     0x03,0x3C,0x40,0x40,0x46,0x40,0xF1,0x8E,0x80,0x40,0x7C,0x80,0x80,0x80,0xFE,0x03};
//－－文字：　电　－－
code const unsigned char Line1_3[] = {
     0x00,0xF8,0x04,0x04,0x44,0x44,0x06,0x02,0x02,0x46,0x44,0x04,0x04,0xF8,0x00,0x00,
     0x00,0x0F,0x10,0x10,0x11,0x11,0xF0,0x80,0x90,0x91,0x91,0x8C,0x84,0x87,0xC8,0x78};
//－－文字：　子　－－
code const unsigned char Line1_4[] = {
     0x80,0x40,0x5E,0x52,0x52,0x52,0x32,0x72,0x82,0x82,0x42,0x62,0x52,0x4C,0xC0,0x00,
     0x07,0x04,0x04,0x04,0xFC,0x8C,0x8C,0x80,0x80,0x7C,0x04,0x04,0x04,0x04,0x07,0x00};
//第 2 行显示"星研电子"
void DisLine1()
{
     WordDisL(2,32,Line1_1);      //第 2 行,第 32 列,左半屏,显示一个字子程序
     WordDisL(2,48,Line1_2);
     WordDisR(2,0,Line1_3);       //右半屏,显示一个字子程序
     WordDisR(2,16,Line1_4);
}


//"STAR ES51PRO"
code const unsigned char Line2_1[] = {
     0x00,0x70,0x88,0x08,0x08,0x08,0x38,0x00,0x00,0x38,0x20,0x21,0x21,0x22,0x1C,0x00};
code const unsigned char Line2_2[] = {
     0x18,0x08,0x08,0xF8,0x08,0x08,0x18,0x00,0x00,0x00,0x20,0x3F,0x20,0x00,0x00,0x00};
code const unsigned char Line2_3[] = {
     0x00,0x00,0xC0,0x38,0xE0,0x00,0x00,0x00,0x20,0x3C,0x23,0x02,0x02,0x27,0x38,0x20};
code const unsigned char Line2_4[] = {
     0x08,0xF8,0x88,0x88,0x88,0x88,0x70,0x00,0x20,0x3F,0x20,0x00,0x03,0x0C,0x30,0x20};
code const unsigned char Line2_5[] = {
     0x00,0x00,0x00,0x00,0x00,0x00,0x00,0x00,0x00,0x00,0x00,0x00,0x00,0x00,0x00,0x00};
code const unsigned char Line2_6[] = {
     0x08,0xF8,0x88,0x88,0xE8,0x08,0x10,0x00,0x20,0x3F,0x20,0x20,0x23,0x20,0x18,0x00};
```

```
code const unsigned char Line2_7[] = {
    0x00,0x70,0x88,0x08,0x08,0x08,0x38,0x00,0x00,0x38,0x20,0x21,0x21,0x22,0x1C,0x00};
code const unsigned char Line2_8[] = {
    0x00,0xF8,0x08,0x88,0x88,0x08,0x08,0x00,0x00,0x19,0x21,0x20,0x20,0x11,0x0E,0x00};
code const unsigned char Line2_9[] = {
    0x00,0x10,0x10,0xF8,0x00,0x00,0x00,0x00,0x00,0x20,0x20,0x3F,0x20,0x20,0x00,0x00};
code const unsigned char Line2_10[] = {
    0x08,0xF8,0x08,0x08,0x08,0x08,0xF0,0x00,0x20,0x3F,0x21,0x01,0x01,0x01,0x00,0x00};
code const unsigned char Line2_11[] = {
    0x08,0xF8,0x88,0x88,0x88,0x88,0x70,0x00,0x20,0x3F,0x20,0x00,0x03,0x0C,0x30,0x20};
code const unsigned char Line2_12[] = {
    0xE0,0x10,0x08,0x08,0x08,0x10,0xE0,0x00,0x0F,0x10,0x20,0x20,0x20,0x10,0x0F,0x00};
//第3行显示"STAR ES51PRO"
void DisLine2()
{
    ByteDisL(4,16,Line2_1);        //第4行,第16列,左半屏,显示一个字节子程序
    ByteDisL(4,24,Line2_2);
    ByteDisL(4,32,Line2_3);
    ByteDisL(4,40,Line2_4);
    ByteDisL(4,48,Line2_5);
    ByteDisL(4,56,Line2_6);

    ByteDisR(4,0,Line2_7);         //右半屏字节显示数据
    ByteDisR(4,8,Line2_8);
    ByteDisR(4,16,Line2_9);
    ByteDisR(4,24,Line2_10);
    ByteDisR(4,32,Line2_11);
    ByteDisR(4,40,Line2_12);
}


//－－文字：  欢   －－
const unsigned char Line3_1[] = {
    0x14,0x24,0x44,0x84,0x64,0x1C,0x20,0x18,0x0F,0xE8,0x08,0x08,0x28,0x18,0x08,0x00,
    0x20,0x10,0x4C,0x43,0x43,0x2C,0x20,0x10,0x0C,0x03,0x06,0x18,0x30,0x60,0x20,0x00};
//－－文字：  迎   －－
const unsigned char Line3_2[] = {
    0x40,0x41,0xCE,0x04,0x00,0xFC,0x04,0x02,0x02,0xFC,0x04,0x04,0x04,0xFC,0x00,0x00,
    0x40,0x20,0x1F,0x20,0x40,0x47,0x42,0x41,0x40,0x5F,0x40,0x42,0x44,0x43,0x40,0x00};
//－－文字：  使   －－
const unsigned char Line3_3[] = {
    0x40,0x20,0xF0,0x1C,0x07,0xF2,0x94,0x94,0x94,0xFF,0x94,0x94,0x94,0xF4,0x04,0x00,
    0x00,0x00,0x7F,0x00,0x40,0x41,0x22,0x14,0x0C,0x13,0x10,0x30,0x20,0x61,0x20,0x00};
//－－文字：  用   －－
const unsigned char Line3_4[] = {
```

0x00,0x00,0x00,0xFE,0x22,0x22,0x22,0x22,0xFE,0x22,0x22,0x22,0x22,0xFE,0x00,0x00,
0x80,0x40,0x30,0x0F,0x02,0x02,0x02,0x02,0xFF,0x02,0x02,0x42,0x82,0x7F,0x00,0x00};

```
//第4行显示"欢迎使用"
void DisLine3()
{
    WordDisL(6,32,Line3_1);    //第6行，第32列，左半屏，显示一个字子程序
    WordDisL(6,48,Line3_2);    //第6行，第48列
    WordDisR(6,0,Line3_3);     //右半屏，显示一个字子程序
    WordDisR(6,16,Line3_4);
}


//延时程序
void DelayTime()
{
    unsigned char i;
    unsigned int j;
    for (i = 0; i < 3; i++)
    {
        for (j = 0; j < 0xffff; j++)
        {;}
    }
}
```

7. 实验扩展及思考

实验内容:修改程序显示"合肥师范欢迎您"并显示设计者的学号和姓名。

LCD 输出仿真实验

1. 实验目的

采用 1602 型 LCD 循环显示字符串"Welcome to Heifei Normal University"。其中 LCD 显示模式为:

16×2 显示、5×7 点阵、8 位数据口;

显示开、有光标开且光标闪烁;

光标右移,字符不移。

2. 实验原理图(图 3.17)

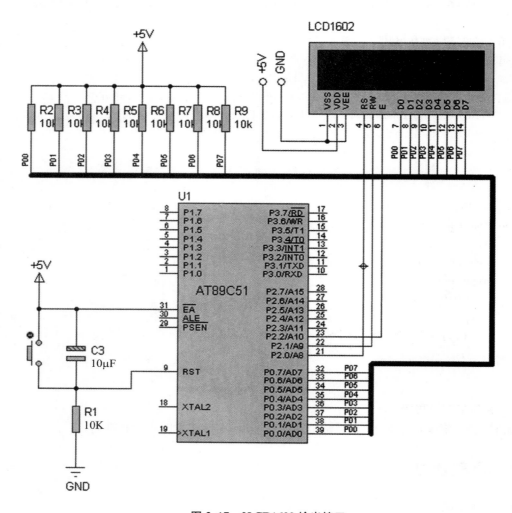

图 3.17 2LCD1602 输出接口

3. 参考实验程序

//用 LCD 循环右移显示" Welcome to Heifei Normal University "

```
#include<reg51.h>        //包含单片机寄存器的头文件
#include<intrins.h>       //包含_nop_()函数定义的头文件
sbit RS = P2^0；    //寄存器选择位,将 RS 位定义为 P2.0 引脚
sbit RW = P2^1；     //读写选择位,将 RW 位定义为 P2.1 引脚
sbit E = P2^2；     //使能信号位,将 E 位定义为 P2.2 引脚
sbit BF = P0^7；      //忙碌标志位,将 BF 位定义为 P0.7 引脚
unsigned char code string1[ ] = {" Welcome to "};
unsignedchar code string2[ ] = {" Heifei Normal University "};

void delay1ms()//延时函数 1 ms
{
```

```
    unsigned char i,j;
        for(i=0;i<10;i++)
            for(j=0;j<33;j++)
                ;
}


void delay(unsigned char n)//延时函数 nms
{
    unsigned char i;
        for(i=0;i<n;i++)
            delay1ms();
}
unsigned char BusyTest(void)//忙闲检测。返回值 result=1,忙;result=0,闲
  {
    bit result;
    RS=0;          //根据规定,RS 为低电平,RW 为高电平时,可以读状态
    RW=1;
    E=1;           //E=1,才允许读写
    _nop_();    //空操作
    _nop_();
    _nop_();
    _nop_();      //空操作四个机器周期,给硬件反应时间
    result=BF;    //将忙碌标志电平赋给 result
E=0;
    return result;
}
/ * * * * * * * * * * 写命令函 * * * * * * * * * * * * * /
void WriteInstruction (unsigned char dictate)
{
    while(BusyTest()==1);
        RS=0;
    RW=0;
    E=0;                        //E 置低电平,液晶写操作时,E 为正脉冲
                                //就是让 E 从 0 到 1 发生正跳变,所以应先置"0"
    _nop_();
    _nop_();                    //空操作两个机器周期,给硬件反应时间
    P0=dictate;                 //将数据送入 P0 口,即写入指令或地址
    _nop_();
    _nop_();
    _nop_();
    _nop_();                    //空操作四个机器周期,给硬件反应时间
    E=1;                        //E 置高电平
    _nop_();
    _nop_();
```

```
        _nop_();
        _nop_();                //空操作四个机器周期,给硬件反应时间
        E=0;                    //当 E 由高电平跳变成低电平时,液晶模块开始执行命令
}
/* * * * * * * *写地址函数:地址为 x, * * * * * * * * */
void WriteAddress(unsigned char x)
{
        WriteInstruction(x|0x80);  //显示位置的确定方法规定为"80H+地址码 x"
}
/* * * * * * *写数据函数,数据为字符 y * * * * * * * * * * * * * * * */
void WriteData(unsigned char y)
{
        while(BusyTest()= =1);
        RS=1;                   //RS 为高电平,RW 为低电平时,可以写入数据
        RW=0;
        E=0;                    //E 置低电平,液晶写操作时,使能位 E 为正脉冲
                                //就是让 E 从 0 到 1 发生正跳变,所以应先置"0"
        P0=y;                   //将数据送入 P0 口,即将数据写入液晶模块
        _nop_();
        _nop_();
        _nop_();
        _nop_();                //空操作四个机器周期,给硬件反应时间
        E=1;                    //E 置高电平
        _nop_();
        _nop_();
        _nop_();
        _nop_();                //空操作四个机器周期,给硬件反应时间
        E=0;                    //当 E 由高电平跳变成低电平时,液晶模块开始执行命令
}
void LcdInitiate(void)  //Lcd 初始化函数
{
        delay(15);              //延时 15 ms
        WriteInstruction(0x38); //16×2 显示,5×7 点阵,8 位数据接口
        delay(5);    //延时 5ms
        WriteInstruction(0x38);
        delay(5);
        WriteInstruction(0x38);
        delay(5);
        WriteInstruction(0x0f); //显示模式设置:显示开,有光标,光标闪烁
        delay(5);
        WriteInstruction(0x06); //显示模式设置:光标右移,字符不移
        delay(5);
        WriteInstruction(0x01); //清屏幕指令,将以前的显示内容清除
        delay(5);
```

```
}
void main(void)                //主函数
{
    unsigned char i;
    LcdInitiate();             //调用 LCD 初始化函数
    delay(10);
    while(1)
        {
            WriteInstruction(0x01);//清显示:清屏幕指令
            WriteAddress(0x00);   // 设置显示位置为第一行的第 5 个字
                i = 0;
            while(string1[i] ！ = ′\0′)
                {   WriteData(string1[i]);
                    i+ +;
                    delay(150);
                }
            WriteAddress(0x40);   // 设置显示位置为第二行的第 5 个字
                i = 0;
            while(string2[i] ！ = ′\0′)
                {   WriteData(string2[i]);
                    i+ +;
                    delay(150);
                }
            for(i=0;i<4;i+ +)
                delay(250);
        }
}
```

4. 实验思考题

试编写 LCD12864 显示初始化程序,设计电路,采用汉字取模,使 LCD 循环显示字符串 hefei normal university 和个人学号、姓名。

要求:字符分为两行,居中显示,字符从左向右缓慢移动。

实验 7 综合设计实验 1——电子钟

1. 实验目的

(1) 设计一个电子钟,并根据需要可以进行时间修改。

(2) 掌握定时器、中断系统编程方法,了解键盘、液晶显示器的综合应用,熟悉实时程序的设计和调试技巧。

2. 实验原理图(图 3.18)

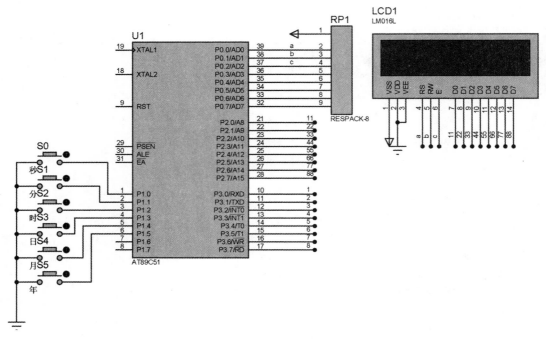

图 3.18 电子钟仿真电路

3. 参考实验程序

```c
#include <reg52.h>
#define uchar unsigned char
#define uint unsigned int
sbit rs = P0^0;
sbit rw = P0^1;
sbit e = P0^2;
sbit k0 = P1^0;
sbit k1 = P1^1;
sbit k2 = P1^2;
sbitk3 = P1^3;
sbit k4 = P1^4;
sbit k5 = P1^5;

unsigned char code digit[] = {"0123456789"};        //定义字符数组显示数字
unsigned char s,m,h,day,month,year,count;
void write_dat(uchar dat);
void write_com(uchar com);
void keyscan();
/* * * * * * * * * * * * * * * * * * * * * * * *
功能说明:
显示编码,加上 0x30,
分别为'1','2','3','+',
```

'4','5','6','-',等

```
* * * * * * * * * * * * * * * * * * * * * * */
uchar code table1[]=
{
1,2,3,0x2b-0x30,
4,5,6,0x2d-0x30,
7,8,9,0x2a-0x30,
0,0x3d-0x30,0x01-0x30,0x2f-0x30
};
uchar k=0,flag=0,num,fuhao,i;
long a,b,c;

void delay(uint z)
{
    uint x,y;
    for(x=z;x>0;x--)
        for(y=110;y>0;y--);
}
/* * * * * * * * * * * * * * * * * * * * * * * * * * * * * * * * * * * * * * * * *
* * * * * * * * * *
```

函数功能:指定字符显示的实际地址

入口参数:x

```
* * * * * * * * * * * * * * * * * * * * * * * * * * * * * * * * * * * * * * * * * *
* * * * * * * * */
void WriteAddress(unsigned char x)
{
    write_com(x|0x80);  //显示位置的确定方法规定为"80H+地址码 x"
}
/* * * * * * * * * * * * * * * * * * * * * * * * * * * * * * * * * * * * * * * * *
* * * * * * * * * * * * * * * * * * * * * * * * * * * * *
```

函数功能:显示小时

```
* * * * * * * * * * * * * * * * * * * * * * * * * * * * * * * * * * * * * * * * * *
* * * * * * * * * * * * * * * * * * * * * * * * * * * * * */
void DisplayHour()
{
    unsigned char i,j;
    i=h/10;          //取整运算,求得十位数字
    j=h%10;                 //取余运算,求得各位数字
    WriteAddress(0x45);      //写显示地址,将十位数字显示在第 2 行第 0 列
    write_dat(digit[i]);  //将十位数字的字符常量写入 LCD
    write_dat(digit[j]);   //将个位数字的字符常量写入 LCD

}
/* * * * * * * * * * * * * * * * * * * * * * * * * * * * * * * * * * * * * * * * *
```

```
* * * * * * * * * * * * * * * * * * * * * * * * * * * * * * * * * * *
    函数功能:显示分钟
    * * * * * * * * * * * * * * * * * * * * * * * * * * * * * * * * * * * *
* * * * * * * * * * * * * * * * * * * * * * * * * * * * * * * * * * */
    void DisplayMinute()
    {
        unsigned char i,j;
        i=m/10;                  //取整运算,求得十位数字
        j=m%10;                  //取余运算,求得各位数字
        WriteAddress(0x48);      //写显示地址,将十位数字显示在第2行第3列
        write_dat(digit[i]);     //将十位数字的字符常量写入LCD
        write_dat(digit[j]);     //将个位数字的字符常量写入LCD
    }
    /* * * * * * * * * * * * * * * * * * * * * * * * * * * * * * * * * * *
* * * * * * * * * * * * * * * * * * * * * * * * * * * * * * * * * *
    函数功能:显示秒
    * * * * * * * * * * * * * * * * * * * * * * * * * * * * * * * * * *
* * * * * * * * * * * * * * * * * * * * * * * * * * * * * * * * * * */
    void DisplaySecond()
    {
        unsigned char i,j;
        i=s/10;                  //取整运算,求得十位数字
        j=s%10;                  //取余运算,求得各位数字
        WriteAddress(0x4b);      //写显示地址,将十位数字显示在第2行第6列
        write_dat(digit[i]);     //将十位数字的字符常量写入LCD
        write_dat(digit[j]);     //将个位数字的字符常量写入LCD
    }

    /* * * * * * * * * * * * * * * * * * * * * * * * * * * * * * * * * * *
* * * * * * * * * * * * * * * * * * * * * * * * * * * * * * * * * *
    函数功能:显示小时
    * * * * * * * * * * * * * * * * * * * * * * * * * * * * * * * * * *
* * * * * * * * * * * * * * * * * * * * * * * * * * * * * * * * * * */
    void DisplayYear()
    {
        unsigned char i,j;
        i=year/10;               //取整运算,求得十位数字
        j=year%10;               //取余运算,求得各位数字
        WriteAddress(0x07);      //写显示地址,将十位数字显示在第2行第0列
        write_dat(digit[i]);     //将十位数字的字符常量写入LCD
        write_dat(digit[j]);     //将个位数字的字符常量写入LCD
    }
    /* * * * * * * * * * * * * * * * * * * * * * * * * * * * * * * * * * *
* * * * * * * * * * * * * * * * * * * * * * * * * * * * * * * * * *
```

函数功能:显示分钟

* *
* */

```
void DisplayMonth()
{
    unsigned char i,j;
    i=month/10;                 //取整运算,求得十位数字
    j=month%10;                 //取余运算,求得各位数字
    WriteAddress(0x0a);     //写显示地址,将十位数字显示在第 2 行第 3 列
    write_dat(digit[i]);    //将十位数字的字符常量写入 LCD
    write_dat(digit[j]);    //将个位数字的字符常量写入 LCD
}
/* * * * * * * * * * * * * * * * * * * * * * * * * * * * * * * * * * * * * * * * * *
* * * * * * * * * * * * * * * * * * * * * * * * * * * * *
```

函数功能:显示秒

* *
* */

```
void DisplayDay()
{
    unsigned char i,j;
    i=day/10;                   //取整运算,求得十位数字
    j=day%10;                   //取余运算,求得各位数字
    WriteAddress(0x0d);     //写显示地址,将十位数字显示在第 2 行第 6 列
    write_dat(digit[i]);    //将十位数字的字符常量写入 LCD
    write_dat(digit[j]);    //将个位数字的字符常量写入 LCD
}
void keyscan2()
    {if(k0==0)
        {delay(5);
        if(k0==0)
            {
            s++;
            if(s==60)
            s=0;
            }
        }
    if(k1==0)
        {delay(5);
        if(k1==0)
            {m++;
            if(m==60)
                m=0;
            }
        }
```

```
            if(k2==0)
            {delay(5);
            if(k2==0)
                {h++;
                if(h==60)
                    h=0;
                }
            }
            if(k3==0)
            {delay(5);
            if(k3==0)
                {day++;
                if(day==30)
                    day=0;
                }
            }
            if(k4==0)
        {delay(5);
        if(k4==0)
            {month++;
            if(month==13)
                month=0;
            }
        }
            if(k5==0)
            {delay(5);
            if(k5==0)
                {year++;
                if(year==99)
                    year=0;
                }
            }

    }

/*******led1602*******/
void write_com(uchar com)
{
    rs=0;//选择写指令
    rw=0;
    P2=com;
    e=1;
    delay(5);//无延时不能正常工作
    e=0;
```

```
}
void write_dat(uchar dat)
{
    rs=1;//选择写数据
    rw=0;
    P2=dat;
    e=1;
    delay(5);//无延时不能正常工作
    e=0;
}
void init()   //初始化
{
    delay(15);
    write_com(0x38);
    delay(6);
    write_com(0x38);
    delay(6);
    write_com(0x38);
    write_com(0x38);
    write_com(0x0c); //开显示,关光标
    write_com(0x06);//光标移动 设置
    write_com(0x01);//清屏
}
void geshi()
    {
    WriteAddress(0x00);
    write_dat('D');
    WriteAddress(0x01);
    write_dat('a');
    WriteAddress(0x02);
    write_dat('t');                    //将分号的字符常量写入 LCD
    WriteAddress(0x03);
    write_dat('e');
    WriteAddress(0x04);
    write_dat(':');
    WriteAddress(0x05);
    write_dat('2');
    WriteAddress(0x06);
    write_dat('0');
    WriteAddress(0x09);
    write_dat('-');
    WriteAddress(0x0c);
    write_dat('-');
    WriteAddress(0x40);
```

```
        write_dat('T');
        WriteAddress(0x41);
        write_dat('i');
        WriteAddress(0x42);
        write_dat('m');
        WriteAddress(0x43);        //写地址,将第二个分号显示在第 2 行第 7 列
        write_dat('e');            //将分号的字符常量写入 LCD
        WriteAddress(0x44);        //写地址,将第二个分号显示在第 2 行第 10 列
        write_dat(':');            //将分号的字符常量写入 LCD
        WriteAddress(0x47);
        write_dat(':');
        WriteAddress(0x4a);
        write_dat(':');
    }
void main()
{
    init();
    TMOD = 0x01;        //使用定时器 T0 的模式 1
    TH0 = (65536 − 46083)/256;        //定时器 T0 的高 8 位设置初值
    TL0 = (65536 − 46083)%256;        //定时器 T0 的低 8 位设置初值
    EA = 1;                 //开总中断
    ET0 = 1;                //定时器 T0 中断允许
    TR0 = 1;                //启动定时器 T0
    count = 0;              //中断次数初始化为 0
    s = 0;                  //秒初始化为 0
    m = 0;                  //分钟初始化为 0
    h = 0;                  //小时初始化为 0
    year = 0;
    month = 0;
    day = 0;

    while(1)
    {
        write_com(0x01);
        while(1)
        {
        keyscan2();
        geshi();
        delay(5);
        DisplayHour();
        delay(5);
        DisplayMinute();
        delay(5);
        DisplaySecond();
```

```
            delay(5);
            DisplayYear();
            delay(5);
            DisplayMonth();
            delay(5);
            DisplayDay();
            delay(5);
            }
        }
    }


/* * * * * * * * * * * * * * * * * * * * * * * * * * * * * * * * * * * * * * * * *
* * * * * * * * * * * *
    函数功能:定时器 T0 的中断服务函数
    * * * * * * * * * * * * * * * * * * * * * * * * * * * * * * * * * * * * * * * *
* * * * * * * * * * * * * */
    void Time0(void) interrupt 1 using 1 //定时器 T0 的中断编号为 1,使用第 1 组工作寄存器
        {
            count++;                              //每产生 1 次中断,中断累计次数加 1
            if(count==20)                 //如果中断次数计满 20 次
                {
                    count=0;                  //中断累计次数清 0
                        s++;                  //秒加 1
                if(s==60)                     //如果计满 60 秒
                    {
                    s=0;                      //秒清 0
                    m++;                      //分钟加 1
                    }
                if(m==60)                     //如果计满 60 分
                    {
                        m=0;                  //分钟清 0
                        h++;                  //小时加 1
                    }
                if(h==24)
                {
                h=0;
                day++;
                }
                if(day==30)
                {
                    day=0;
                    month++;
                }
                if(month==13)
```

```
        { month = 0;
            year + +;
        }
        if(year = = 99)
        {
        year = 0;
        }
        TH0 = (65536 − 46083)/256;          //定时器 T0 高 8 位重新赋初值
        TL0 = (65536 − 46083)/256;          //定时器 T0 低 8 位重新赋初值
    }
}
```

实验 8　综合设计实验 2——计算器

1. 实验目的
熟悉实时程序的设计和调试技巧。

2. 实验原理图(图 3.19)

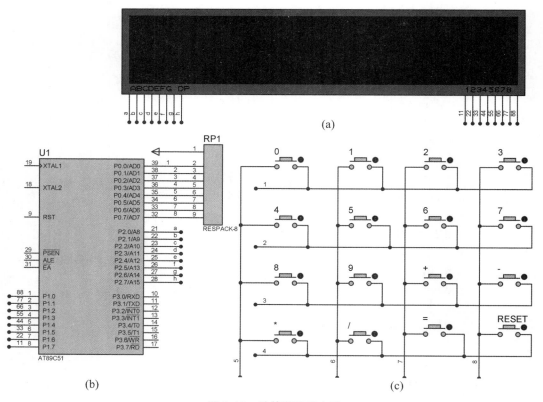

图 3.19　计算器仿真电路

3. 参考实验程序

```
//用定时器 T0 的中断实现长时间定时,单片机晶体振荡器周期为 12 MHz, 机器//周期为 1 μs
# include ＜reg51.h＞   //包含 51 单片机寄存器定义的头文件
sbit D1 = P1^4;   //将 D1 位定义为 P2.0 引脚
sbit P0_4 = P0^4;
sbit P0_5 = P0^5;
sbit P0_6 = P0^6;
sbitP0_7 = P0^7;

# include＜intrins.h＞   //包含_nop_()函数定义的头文件
delay10ms()
{
unsigned char a,b;
for(a=100;a＞0;a－－)
for(b=50;b＞0;b－－);
}
delay1ms()
{
unsigned char a,b;
for(a=10;a＞0;a－－)
for(b=50;b＞0;b－－);
}
unsigned char code tab[]=
{
0x3f,6,0x5b,0x4f,0x66,0x6d,0x7d,7,
0x7f,0x6f,0x77,0x7c,0x39,0x5e,0x79,0x71
};
main()
{
unsigned char m,i,j,k,l,p,cc2,cc3,cc4,cc5,o;
unsigned long c1,c2,cc;
unsigned int cc1;
unsigned char aa0,aa1,aa2,aa3,bb0,bb1,bb2,bb3;
unsigned chara0,a1,a2,a3,b0,b1,b2,b3;
bit q,n;
while(1)
    {static dian=0x80,fuhao=0;
    for (j=0;j＜=3;j++)
        {
        k=0xfe＜＜j;
        l=0xfe＞＞(8-j);
        P0=k|l;
        if(P0_4==0)
            {
```

```
            delay10ms();
            if(P0_4 = = 0)
            {
            while(P0_4 = = 0)
        {
    P2 = b0;
    P1 = 0xfe;
    delay1ms();
    P2 = 0;

    P2 = b1;
    P1 = 0xfd;
    delay1ms();
    P2 = 0;

    P2 = b2;
    P1 = 0xfb;
    delay1ms();
    P2 = 0;

    P2 = b3;
    P1 = 0xf7;
    delay1ms();
    P2 = 0;

    P2 = a0;
    P1 = 0xef;
    delay1ms();
    P2 = 0;

    P2 = a1;
    P1 = 0xdf;
    delay1ms();
    P2 = 0;

    P2 = a2;
    P1 = 0xbf;
    delay1ms();
    P2 = 0;

    P2 = a3;
    P1 = 0x7f;
    delay1ms();
    P2 = 0;
```

```
        P2 = dian；
        P1 = 0xef；
        delay1ms()；
        P2 = 0；

        P2 = fuhao；
        P1 = 0xef；
        delay1ms()；
        P2 = 0；
}
            if(tab[4 * j] = = 0x39)
                {
                n = 1；
                i = 3；
                }
else
    {m + +；

    if(m<= 4&n = = 0)
        {
        a3 = a2；
        a2 = a1；
        a1 = a0；
        a0 = tab[4 * j]；
        aa3 = aa2；
        aa2 = aa1；
        aa1 = aa0；
        aa0 = 4 * j；
        }
        else
            {
            if(p<= 3&n = = 1)
                {
                b3 = b2；
                b2 = b1；
                b1 = b0；
                b0 = tab[4 * j]；
                bb3 = bb2；
                bb2 = bb1；
                bb1 = bb0；
                bb0 = 4 * j；

        p+ +；
```

```
                    }
                }
            }
        }
    }
    if(P0_5 = = 0)
    {
    delay10ms();
    if(P0_5 = = 0)
    {
    while(P0_5 = = 0)
    {
            P2 = b0;
            P1 = 0xfe;
            delay1ms();
            P2 = 0;

            P2 = b1;
            P1 = 0xfd;
            delay1ms();
            P2 = 0;

            P2 = b2;
            P1 = 0xfb;
            delay1ms();
            P2 = 0;

            P2 = b3;
            P1 = 0xf7;
            delay1ms();
            P2 = 0;

            P2 = a0;
            P1 = 0xef;
            delay1ms();
            P2 = 0;

            P2 = a1;
            P1 = 0xdf;
            delay1ms();
            P2 = 0;

            P2 = a2;
            P1 = 0xbf;
```

```
            delay1ms();
            P2 = 0;

            P2 = a3;
            P1 = 0x7f;
            delay1ms();
            P2 = 0;

            P2 = dian;
            P1 = 0xef;
            delay1ms();
            P2 = 0;

            P2 = fuhao;
            P1 = 0xef;
            delay1ms();
            P2 = 0;
        }
if(tab[4 * j + 1] = = 0x5e)
{
        i = 4;
        n = 1;
}
else
        {m + + ;
        if(m< = 4&n = = 0)
            {
            a3 = a2;
            a2 = a1;
            a1 = a0;
            a0 = tab[4 * j + 1];
            aa3 = aa2;
            aa2 = aa1;
            aa1 = aa0;
            aa0 = 4 * j + 1;
            }
            else
                {
                if(p< = 3&n = = 1)
                    {
                    b3 = b2;
                    b2 = b1;
                    b1 = b0;
                    b0 = tab[4 * j + 1];
```

```
                        bb3 = bb2;
                        bb2 = bb1;
                        bb1 = bb0;
                        bb0 = 4 * j + 1;
                        p + + ;
                            }
                        }
                    }
                }
            }
        if(P0_6 = = 0)
        {
        delay10ms();
        if(P0_6 = = 0)
        {
        while(P0_6 = = 0)
        {
                P2 = b0;
                P1 = 0xfe;
                delay1ms();
                P2 = 0;

                P2 = b1;
                P1 = 0xfd;
                delay1ms();
                P2 = 0;

                P2 = b2;
                P1 = 0xfb;
                delay1ms();
                P2 = 0;

                P2 = b3;
                P1 = 0xf7;
                delay1ms();
                P2 = 0;

                P2 = a0;
                P1 = 0xef;
                delay1ms();
                P2 = 0;

                P2 = a1;
                P1 = 0xdf;
```

```
        delay1ms();
        P2 = 0;

        P2 = a2;
        P1 = 0xbf;
        delay1ms();
        P2 = 0;

        P2 = a3;
        P1 = 0x7f;
        delay1ms();
        P2 = 0;

        P2 = dian;
        P1 = 0xef;
        delay1ms();
        P2 = 0;

        P2 = fuhao;
        P1 = 0xef;
        delay1ms();
        P2 = 0;
    }
if(tab[4 * j + 2] = = 0x77)
    {
    i = 1;
    n = 1;
    }
    else
        {
    if(tab[4 * j + 2] = = 0x79)
    {
    q = 1;
    n = 1;
    }
else
    {
    m + + ;
    if(m< = 4&n = = 0)
        {
        a3 = a2;
        a2 = a1;
        a1 = a0;
        a0 = tab[4 * j + 2];
```

```
            aa3 = aa2;
            aa2 = aa1;
            aa1 = aa0;
            aa0 = 4 * j + 2;
            }
        else
            {
            if(p< = 3&n = = 1)
                {
            b3 = b2;
            b2 = b1;
            b1 = b0;
            b0 = tab[4 * j + 2];
            bb3 = bb2;
            bb2 = bb1;
            bb1 = bb0;
            bb0 = 4 * j + 2;
            p+ + ;
                }
            }
        }
    }
}
if(P0_7 = = 0)
{
delay10ms();
if(P0_7 = = 0)
{
while(P0_7 = = 0)
{
        P2 = b0;
        P1 = 0xfe;
        delay1ms();
        P2 = 0;

        P2 = b1;
        P1 = 0xfd;
        delay1ms();
        P2 = 0;

        P2 = b2;
        P1 = 0xfb;
        delay1ms();
```

```
        P2 = 0;

        P2 = b3;
        P1 = 0xf7;
        delay1ms();
        P2 = 0;

        P2 = a0;
        P1 = 0xef;
        delay1ms();
        P2 = 0;

        P2 = a1;
        P1 = 0xdf;
        delay1ms();
        P2 = 0;

        P2 = a2;
        P1 = 0xbf;
        delay1ms();
        P2 = 0;

        P2 = a3;
        P1 = 0x7f;
        delay1ms();
        P2 = 0;

        P2 = dian;
        P1 = 0xef;
        delay1ms();
        P2 = 0;

        P2 = fuhao;
        P1 = 0xef;
        delay1ms();
        P2 = 0;
    }
if(tab[4 * j + 3] = = 0x71)
    {
    i = 6;
    n = 1;
    }
    else
        {
```

```
if(tab[4 * j + 3] = = 0x7c)
    {
    i = 2;
    n = 1;
    }
    else
    {m + +;
    if(m< = 4&n = = 0)
        {
        a3 = a2;
        a2 = a1;
        a1 = a0;
        a0 = tab[4 * j + 3];
        aa3 = aa2;
        aa2 = aa1;
        aa1 = aa0;
        aa0 = 4 * j + 3;
        }
        else
            {
            if(p< = 3&n = = 1)
                {
                b3 = b2;
                b2 = b1;
                b1 = b0;
                b0 = tab[4 * j + 3];
                bb3 = bb2;
                bb2 = bb1;
                bb1 = bb0;
                bb0 = 4 * j + 3;
                p + +;
                    }
                }
            }
        }
    }
if(i = = 6)//复位
{
a0 = a1 = a2 = a3 = b0 = b1 = b2 = b3 = 0;
dian = 0x80;
fuhao = 0;
m = i = j = k = l = n = p = q = 0;
aa0 = aa1 = aa2 = aa3 = bb0 = bb1 = bb2 = bb3 = 0;
```

```
c1 = c2 = cc = cc1 = cc2 = cc3 = cc4 = cc5 = 0;
}
if(q = = 0)
    {
            P2 = b0;
            P1 = 0xfe;
            delay1ms();
            P2 = 0;

            P2 = b1;
            P1 = 0xfd;
            delay1ms();
            P2 = 0;

            P2 = b2;
            P1 = 0xfb;
            delay1ms();
            P2 = 0;

            P2 = b3;
            P1 = 0xf7;
            delay1ms();
            P2 = 0;

            P2 = a0;
            P1 = 0xef;
            delay1ms();
            P2 = 0;

            P2 = a1;
            P1 = 0xdf;
            delay1ms();
            P2 = 0;

            P2 = a2;
            P1 = 0xbf;
            delay1ms();
            P2 = 0;

            P2 = a3;
            P1 = 0x7f;
            delay1ms();
            P2 = 0;
```

```
                P2 = dian;
                P1 = 0xef;
                delay1ms();
                P2 = 0;

                P2 = fuhao;
                P1 = 0xef;
                delay1ms();
                P2 = 0;
            }
    else
    {
    q = 0;
    c1 = aa0 + aa1 * 10 + aa2 * 100 + aa3 * 1000;
    c2 = bb0 + bb1 * 10 + bb2 * 100 + bb3 * 1000;
    if(i = = 1)//加法运算
    {
    cc = c1 + c2;
    }
    if(i = = 2)//减法运算
    {
    if(c1 > = c2)
        {
        cc = c1 - c2;
        }
        else
            {
            cc = c2 - c1;
            fuhao = 0x40;
            }
    }
    if(i = = 3)//乘法运算
    {
    cc = c1 * c2;
    }
    a3 = tab[cc/10000000];
    aa3 = cc/10000000;
    a2 = tab[(cc%10000000)/1000000];
    aa2 = (cc%10000000)/1000000;
    a1 = tab[(cc%1000000)/100000];
    aa1 = (cc%1000000)/100000;
    a0 = tab[(cc%100000)/10000];
    aa0 = (cc%100000)/10000;
    b3 = tab[(cc%10000)/1000];
```

```
bb3 = (cc%10000)/1000;
b2 = tab[(cc%1000)/100];
bb2 = (cc%1000)/100;
b1 = tab[(cc%100)/10];
bb1 = (cc%100)/10;
b0 = tab[cc%10];
bb0 = cc%10;
dian = 0;//消除点
if(aa3 = = 0)//消除多余的零
{
a3 = 0;
if(aa2 = = 0)
    {
    a2 = 0;
    if(aa1 = = 0)
        {
        a1 = 0;
        if(aa0 = = 0)
            {
            a0 = 0;
            if(bb3 = = 0)
                {
                b3 = 0;
                if(bb2 = = 0)
                    {
                    b2 = 0;
                    if(bb1 = = 0)
                        {
                        b1 = 0;
                        }
                    }
                }
            }
        }
    }
}
if(i = = 4)//除法运算
{
if(c2 = = 0)
    {
    for(o = 100;o>0;o - -)
        {
        b2 = b1 = b0 = 0;
        a3 = 0x79;
```

```
a2 = a1 = b3 = 0x77;
a0 = 0x3f;
P2 = b0;
P1 = 0xfe;
delay1ms();
P2 = 0;

P2 = b1;
P1 = 0xfd;
delay1ms();
P2 = 0;

P2 = b2;
P1 = 0xfb;
delay1ms();
P2 = 0;

P2 = b3;
P1 = 0xf7;
delay1ms();
P2 = 0;

P2 = a0;
P1 = 0xef;
delay1ms();
P2 = 0;

P2 = a1;
P1 = 0xdf;
delay1ms();
P2 = 0;

P2 = a2;
P1 = 0xbf;
delay1ms();
P2 = 0;

P2 = a3;
P1 = 0x7f;
delay1ms();
P2 = 0;
delay10ms();
}
i = 6;
```

```
        }
    else
{
cc1 = c1/c2;
a3 = tab[cc1/1000];
aa3 = cc1/1000;
a2 = tab[(cc1%1000)/100];
aa2 = (cc1%1000)/100;
a1 = tab[(cc1%100)/10];
aa1 = (cc1%100)/10;
a0 = tab[cc1%10];
aa0 = cc1%10;
dian = 0x80;
cc2 = (c1%c2) * 10/c2;
b3 = tab[cc2];
cc3 = ((c1%c2) * 10%c2) * 10/c2;
b2 = tab[cc3];
cc4 = (((c1%c2) * 10%c2) * 10%c2) * 10/c2;
b1 = tab[cc4];
cc5 = ((((c1%c2) * 10%c2) * 10%c2) * 10%c2) * 10/c2;
b0 = tab[cc5];
if(((((((c1%c2 * 10)%c2) * 10%c2) * 10%c2) * 10%c2) * 10/c2 >= 5)
{
b0 = tab[cc5 + 1];
}
if(aa3 = = 0)//消除多余的零
{
a3 = 0;
if(aa2 = = 0)
    {
    a2 = 0;
    if(aa1 = = 0)
        {
        a1 = 0;
        }
    }
}
                }
            }
        }
    }
}
```

第 4 章　仿 真 训 练

本章将在前几章的基础上设计若干综合设计性的实训项目，提高学习者更深入掌握单片机综合应用系统的设计和调试能力，由浅入深，由最小系统扩大到有一定的外围设计电路的设计、调试，以及开发有一定深度的单片机项目，为第 5 章的实物设计做准备。

项目 1　多功能电子钟设计

1．设计目标

设计一个可以作为计算器的电子钟；

熟悉实时程序的设计和调试技巧。

2．原理图(图 4.1)

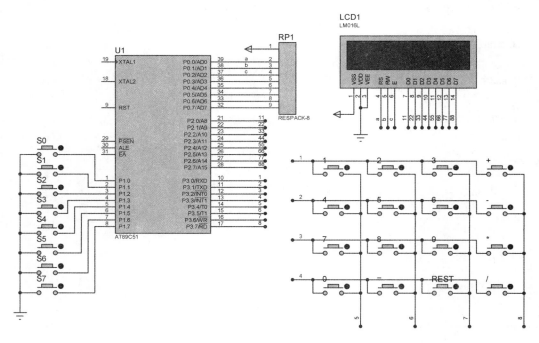

图 4.1　计算器电子钟仿真电路

按下 S0 时秒加 1；按 S1 时分加 1；按下 S2 时时加 1；按下 S3 时日加 1；按下 S4 时月加 1；按下 S5 时年加 1；S6 为时间显示建；S7 为计算显示键。

3．参考实验程序

```
#include <reg52.h>
#define uchar unsigned char
#define uint unsigned int
sbit rs=P0^0;
sbit rw=P0^1;
sbit e=P0^2;
sbit k0=P1^0;
sbit k1=P1^1;
sbit k2=P1^2;
sbit k3=P1^3;
sbit k4=P1^4;
sbit k5=P1^5;
sbit k6=P1^6;
sbit k7=P1^7;
unsigned char code digit[ ]={"0123456789"};      //定义字符数组显示数字
unsigned char s,m,h,day,month,year,count;
void write_dat(uchar dat);
void write_com(uchar com);
void keyscan();
/************************
功能说明:
显示编码,加上 0x30,
分别为'1','2','3','+',
'4','5','6','-',等
************************/
uchar code table1[]=
{
1,2,3,0x2b-0x30,
4,5,6,0x2d-0x30,
7,8,9,0x2a-0x30,
0,0x3d-0x30,0x01-0x30,0x2f-0x30
};

uchar k=0,flag=0,num,fuhao,i;

long a,b,c;


void delay(uint z)
{
    uint x,y;
    for(x=z;x>0;x--)
        for(y=110;y>0;y--);
```

```
}
/* * * * * * * * * * * * * * * * * * * * * * * * * * * * * * * * * * * * * * * *
* * * * * * * * * * *
    函数功能:指定字符显示的实际地址
    入口参数:x
 * * * * * * * * * * * * * * * * * * * * * * * * * * * * * * * * * * * * * * * *
* * * * * * * * */
    void WriteAddress(unsigned char x)
    {
        write_com(x|0x80);  //显示位置的确定方法规定为"80H+地址码 x"
    }
/* * * * * * * * * * * * * * * * * * * * * * * * * * * * * * * * * * * * * * * *
* * * * * * * * * * * * * * * * * * * * * * * * * * * * * * * *
    函数功能:显示小时
 * * * * * * * * * * * * * * * * * * * * * * * * * * * * * * * * * * * * * * * *
* * * * * * * * * * * * * * * * * * * * * * * * * * * * * * */
    void DisplayHour()
    {
        unsigned char i,j;
        i=h/10;          //取整运算,求得十位数字
        j=h%10;          //取余运算,求得各位数字
        WriteAddress(0x45);    //写显示地址,将十位数字显示在第 2 行第 0 列
        write_dat(digit[i]);   //将十位数字的字符常量写入 LCD
        write_dat(digit[j]);   //将个位数字的字符常量写入 LCD


    }
/* * * * * * * * * * * * * * * * * * * * * * * * * * * * * * * * * * * * * * * *
* * * * * * * * * * * * * * * * * * * * * * * * * * * * * * * * * * * *
    函数功能:显示分钟
 * * * * * * * * * * * * * * * * * * * * * * * * * * * * * * * * * * * * * * * *
* * * * * * * * * * * * * * * * * * * * * * * * * * * * * * * * */
    void DisplayMinute()
    {
        unsigned char i,j;
        i=m/10;              //取整运算,求得十位数字
        j=m%10;              //取余运算,求得各位数字
        WriteAddress(0x48);    //写显示地址,将十位数字显示在第 2 行第 3 列
        write_dat(digit[i]);  //将十位数字的字符常量写入 LCD
        write_dat(digit[j]);  //将个位数字的字符常量写入 LCD


    }
/* * * * * * * * * * * * * * * * * * * * * * * * * * * * * * * * * * * * * * * *
* * * * * * * * * * * * * * * * * * * * * * * * * * * * * * * * * *
    函数功能:显示秒
```

```
        * * * * * * * * * * * * * * * * * * * * * * * * * * * * * * * * * * * * *
* * * * * * * * * * * * * * * * * * * * * * * * * * * * * * * * * * */
    void DisplaySecond()
    {
        unsigned char i,j;
        i=s/10;                //取整运算,求得十位数字
        j=s%10;                //取余运算,求得各位数字
        WriteAddress(0x4b);     //写显示地址,将十位数字显示在第 2 行第 6 列
        write_dat(digit[i]);    //将十位数字的字符常量写入 LCD
        write_dat(digit[j]);    //将个位数字的字符常量写入 LCD
    }
    /* * * * * * * * * * * * * * * * * * * * * * * * * * * * * * * * * * * * *
* * * * * * * * * * * * * * * * * * * * * * * * * * * * * * * * * * *
    函数功能:显示小时
    * * * * * * * * * * * * * * * * * * * * * * * * * * * * * * * * * * * * *
* * * * * * * * * * * * * * * * * * * * * * * * * * * * * * * * * */
    void DisplayYear()
    {
        unsigned char i,j;
        i=year/10;                //取整运算,求得十位数字
        j=year%10;                //取余运算,求得各位数字
        WriteAddress(0x07);     //写显示地址,将十位数字显示在第 2 行第 0 列
          write_dat(digit[i]);  //将十位数字的字符常量写入 LCD
          write_dat(digit[j]);  //将个位数字的字符常量写入 LCD
    }
    /* * * * * * * * * * * * * * * * * * * * * * * * * * * * * * * * * * * * *
* * * * * * * * * * * * * * * * * * * * * * * * * * * * * * * * * * *
    函数功能:显示分钟
    * * * * * * * * * * * * * * * * * * * * * * * * * * * * * * * * * * * * *
* * * * * * * * * * * * * * * * * * * * * * * * * * * * * * * * * */
    void DisplayMonth()
    {
        unsigned char i,j;
          i=month/10;                //取整运算,求得十位数字
            j=month%10;                //取余运算,求得各位数字
        WriteAddress(0x0a);     //写显示地址,将十位数字显示在第 2 行第 3 列
          write_dat(digit[i]);  //将十位数字的字符常量写入 LCD
          write_dat(digit[j]);  //将个位数字的字符常量写入 LCD
    }
    /* * * * * * * * * * * * * * * * * * * * * * * * * * * * * * * * * * * * *
* * * * * * * * * * * * * * * * * * * * * * * * * * * * * * * * * * *
    函数功能:显示秒
    * * * * * * * * * * * * * * * * * * * * * * * * * * * * * * * * * * * * *
* * * * * * * * * * * * * * * * * * * * * * * * * * * * * * * * * */
```

```
void DisplayDay()
{
    unsigned char i,j;
    i=day/10;                   //取整运算,求得十位数字
    j=day%10;                   //取余运算,求得各位数字
    WriteAddress(0x0d);         //写显示地址,将十位数字显示在第 2 行第 6 列
      write_dat(digit[i]);      //将十位数字的字符常量写入 LCD
      write_dat(digit[j]);      //将个位数字的字符常量写入 LCD
}
void keyscan2()
    {if(k0==0)
        {delay(5);
            if(k0==0)
                {
                s++;
                if(s==60)
                s=0;
                }
            }
    if(k1==0)
        {delay(5);
        if(k1==0)
            {m++;
            if(m==60)
                m=0;
            }
        }
        if(k2==0)
    {delay(5);
    if(k2==0)
        {h++;
        if(h==60)
        h=0;
    }
}
    if(k3==0)
    {delay(5);
    if(k3==0)
        {day++;
        if(day==30)
        day=0;
        }
    }
    if(k4==0)
```

```
{delay(5);
    if(k4 = = 0)
        {month + + ;
        if(month = = 13)
            month = 0;
        }
    }
if(k5 = = 0)
{delay(5);
    if(k5 = = 0)
        {year + + ;
        if(year = = 99)
            year = 0;
        }
    }
}


void keyscan()
{
    uchar temp;
    P3 = 0xfe;
    temp = P3;
    temp = temp&0xf0;
    while(temp! = 0xf0)
    {
        delay(5);
        temp = P3;
        temp = temp&0xf0;
        while(temp! = 0xf0)
        {
            temp = P3;
            switch(temp)
            {
                case 0xee:num = 0;
                break;
                case 0xde:num = 1;
                break;
                case 0xbe:num = 2;
                break;
                case 0x7e:num = 3;
                break;
            }
            while(temp! = 0xf0)
                { temp = P3;
```

```
                            temp = temp&0xf0;
            }
        }

/* 当按下 1,2,3,松手后执行下面这段语句 */
            if(num = = 0||num = = 1||num = = 2)
            {

                if(flag = = 0)
                    a = a * 10 + table1[num];//如果没有按符号键,符号前的数值为 a
                else if(flag = = 1)
                    b = b * 10 + table1[num];    //如果按了符号键,符号后的数值为 b

                if(k = = 1)        //如果之前按了'='号,再按键时清屏,进行下一次计算
                {
                    k = 0;
                        write_com(0x01);
                }
            }
            else if(num = = 3)    //判断按下'+'
        {

                flag = 1;
                fuhao = 1;
            }

            i = table1[num];      //显示按下的键
            write_dat(0x30 + i);

        }
        P3 = 0xfd;
        temp = P3;
        temp = temp&0xf0;
        while(temp!  = 0xf0)
        {
            delay(5);
            temp = P3;
            temp = temp&0xf0;
            while(temp!  = 0xf0)
            {
                temp = P3;
                switch(temp)
                {
                    case 0xed:num = 4;
                    break;
```

```
                    case 0xdd:num = 5;
                    break;
                    case 0xbd:num = 6;
                    break;
                    case 0x7d:num = 7;
                    break;
                }
            while(temp! = 0xf0)
                { temp = P3;
                temp = temp&0xf0;
                }
            }
        if(num = = 4||num = = 5||num = = 6) //判断是否按下'4','5','6'
        {
            if(k = = 1)
            {
                k = 0;
                    write_com(0x01);
            }
            if(flag = = 0)
                a = a * 10 + table1[num];
            else if(flag = = 1)
                b = b * 10 + table1[num];
        }
            else if(num = = 7)
        {
                flag = 1;
                fuhao = 2;
        }
            i = table1[num];        //显示按下的键
            write_dat(0x30 + i);
        }
P3 = 0xfb;
temp = P3;
temp = temp&0xf0;
while(temp! = 0xf0)
{
    delay(5);
    temp = P3;
    temp = temp&0xf0;
    while(temp! = 0xf0)
    {
        temp = P3;
        switch(temp)    //
```

```
            {
                case 0xeb:num = 8;
                break;
                case 0xdb:num = 9;
                break;
                case 0xbb:num = 10;
                break;
                case 0x7b:num = 11;
                break;
            }
            while(temp! = 0xf0)
                { temp = P3;
                temp = temp&0xf0;
        }
    }
    if(num = = 8||num = = 9||num = = 10)    //判断是否按下'7','8','9'
    {
        if(k = = 1)
      {
        k = 0;
            write_com(0x01);
    }
        if(flag = = 0)
            a = a * 10 + table1[num];
        else if(flag = = 1)
            b = b * 10 + table1[num];

        }
        else if(num = = 11)          //判断是否按下'*'
        {
            flag = 1;
        fuhao = 3;

        }
        i = table1[num];
        write_dat(0x30 + i);

    }
    P3 = 0xf7;
temp = P3;
temp = temp&0xf0;
while(temp! = 0xf0)
{
    delay(5);
```

```
temp = P3;
temp = temp&0xf0;
while(temp! = 0xf0)
{
    temp = P3;
    switch(temp)
    {
        case 0xe7:num = 12;    // 0 键
        break;
        case 0xd7:num = 13;        // ′ = ′
        break;
        case 0xb7:num = 14;    //清零键
        break;
        case 0x77:num = 15;    //′·′
        break;
    }
    while(temp!  = 0xf0)
        { temp = P3;
        temp = temp&0xf0;
    }
}
switch(num)
{
    case 12:
    {
        if(k = = 1)
        {
        k = 0;
            write_com(0x01);
        }
        if(flag = = 0)
            a = a * 10;
        else if(flag = = 1)
            b = b * 10;

        write_dat(0x30);
    }
        break;
    case 13:            //按 = 键
{
    k = 1;
    if(fuhao = = 1)     //如果符号键是 + ,执行 + 运算
{
```

```
        write_com(0x80 + 0x4f);
        write_com(0x04);
c = a + b;
        while(c!   = 0)
{
            write_dat(0x30 + c%10);
c = c/10;
}
        write_dat(0x3d);
fuhao = 0;
        a = 0;b = 0;flag = 0;
}
    if(fuhao = = 2)
{
        write_com(0x80 + 0x4f);
        write_com(0x04);
    if(a> = b)
{
    c = a - b;
        while(c!   = 0)
{
        write_dat(0x30 + c%10);
c = c/10;
        }
}
    else if(a<b)
{
    c = b - a;
        while(c!   = 0)
{
            write_dat(0x30 + c%10);
    c = c/10;
}
        write_dat(0x2d);
}

        write_dat(0x3d);
a = 0;b = 0;flag = 0;fuhao = 0;

}
    if(fuhao = = 3)    //如果符号键是 *
{
    write_com(0x80 + 0x4f);
    write_com(0x04);
```

```
        c = a * b;
    while(c! = 0)
{
        write_dat(0x30 + c%10);
    c = c/10;
}
    write_dat(0x3d);
    a = 0;b = 0;flag = 0;fuhao = 0;


    if(fuhao = = 4)        //如果符号键是/
{
        i = 0;
        write_com(0x80 + 0x4f);
        write_com(0x04);
        c = (long)(((float)a/b) * 1000000);    //结果保留 6 位小数
    while(c! = 0)
{
        write_dat(0x30 + c%10);
    c = c/10;
  i + + ;

    if(i = = 6)        //    显示完六位小数后,显示"."
        write_dat(0x2e);
}
    if(a/b< = 0)
        write_dat(0x30);
        write_dat(0x3d);
        a = 0;b = 0;flag = 0;fuhao = 0;
}
}
    break;
case 14:
    { write_com(0x01);
    a = 0;b = 0;flag = 0;fuhao = 0;
}
    break;
case 15:
    {
        flag = 1;
    fuhao = 4;
        write_dat(0x30 + table1[num]);
    }
    break;
```

```
            }
        }
    }
    /* * * * * * * led1602 * * * * * * * */
    void write_com(uchar com)
    {
        rs=0;//选择写指令
        rw=0;
        P2=com;
        e=1;
        delay(5);//无延时不能正常工作
        e=0;
    }
    void write_dat(uchar dat)
    {
        rs=1;//选择写数据
        rw=0;
        P2=dat;
        e=1;
        delay(5);//无延时不能正常工作
        e=0;
    }
    void init()    //初始化
    {
        delay(15);
        write_com(0x38);
        delay(6);
        write_com(0x38);
        delay(6);
        write_com(0x38);
        write_com(0x38);
        write_com(0x0c);//开显示,关光标
        write_com(0x06);//光标移动 设置
        write_com(0x01);//清屏

    }
    void geshi()
        {
        WriteAddress(0x00);
        write_dat('D');
        WriteAddress(0x01);
        write_dat('a');
        WriteAddress(0x02);
        write_dat('t');                      //将分号的字符常量写入 LCD
```

```
    WriteAddress(0x03);
    write_dat('e');
    WriteAddress(0x04);
    write_dat(':');
    WriteAddress(0x05);
    write_dat('2');
    WriteAddress(0x06);
    write_dat('0');
    WriteAddress(0x09);
    write_dat('-');
    WriteAddress(0x0c);
    write_dat('-');
    WriteAddress(0x40);
    write_dat('T');
    WriteAddress(0x41);
    write_dat('i');
    WriteAddress(0x42);
    write_dat('m');
    WriteAddress(0x43);              //写地址,将第二个分号显示在第 2 行第 7 列
    write_dat('e');                 //将分号的字符常量写入 LCD
    WriteAddress(0x44);             //写地址,将第二个分号显示在第 2 行第 10 列
    write_dat(':');                 //将分号的字符常量写入 LCD
    WriteAddress(0x47);
    write_dat(':');
    WriteAddress(0x4a);
    write_dat(':');
}


void main()
{

    init();
    TMOD=0x01;                      //使用定时器 T0 的模式 1
    TH0=(65536-46083)/256;          //定时器 T0 的高 8 位设置初值
    TL0=(65536-46083)%256;          //定时器 T0 的低 8 位设置初值
    EA=1;                           //开总中断
    ET0=1;                          //定时器 T0 中断允许
    TR0=1;                          //启动定时器 T0
    count=0;                        //中断次数初始化为 0
    s=0;                            //秒初始化为 0
    m=0;                            //分钟初始化为 0
    h=0;                            //小时初始化为 0
    year=0;
```

```
        month = 0;
        day = 0;

    while(1)
        {
            keyscan();
                if(k6 = = 0)
                    { k6 = 0;
                    write_com(0x01);
                    while(1)
                    {
                    keyscan2();
                    geshi();
                    delay(5);
                    DisplayHour();
                    delay(5);
                    DisplayMinute();
                    delay(5);
                    DisplaySecond();
                    delay(5);
                    DisplayYear();
                    delay(5);
                    DisplayMonth();
                    delay(5);
                    DisplayDay();
                    delay(5);
                    if(k7 = = 0)
                    {
                    k6 = 1;
                    write_com(0x01);
                    break;
                    }
                }
            }
        }
    }


/* * * * * * * * * * * * * * * * * * * * * * * * * * * * * * * * * * * * * *
* * * * * * * * * * * *
函数功能:定时器 T0 的中断服务函数
    * * * * * * * * * * * * * * * * * * * * * * * * * * * * * * * * * * * * *
* * * * * * * * * * * * * */
    void Time0(void ) interrupt 1 using 1 //定时器 T0 的中断编号为 1,使用第 1 组工作寄存器
    {
```

```
    count++;                            //每产生1次中断,中断累计次数加1
    if(count==20)                    //如果中断次数计满20次
        {
            count=0;                  //中断累计次数清0
                s++;                  //秒加1
    if(s==60)                        //如果计满60秒
        {
        s=0;                         //秒清0
        m++;                         //分钟加1
        }
    if(m==60)                        //如果计满60分
        {
            m=0;                     //分钟清0
            h++;                     //小时加1
        }
    if(h==24)
    {
    h=0;
    day++;
    }
    if(day==30)
    {
        day=0;
        month++;
    }
    if(month==13)
    { month=0;
        year++;
    }
    if(year==99)
    {
    year=0;
    }
    TH0=(65536-46083)/256;           //定时器T0高8位重新赋初值
    TL0=(65536-46083)%256;           //定时器T0低8位重新赋初值
    }
}
```

项目 2　篮球赛计分器设计

1．设计目标

采用单片机 AT89C52 作为控制芯片，利用 LCD12864 作为显示器件，设计一个篮球比赛计分器系统，实现能记录、修改、暂停整个赛程的比赛时间、能随时刷新甲、乙两队在整个赛程中的比分、在中场交换比赛场地时能转换两队比分，比赛结束能发出报警指令。

2．原理图

（1）应用系统设计。篮球赛计分器原理图见图 4.2。

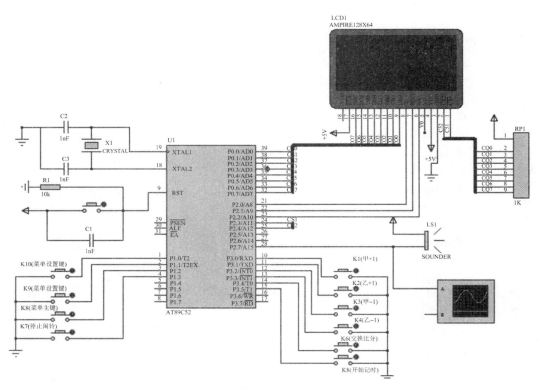

图 4.2　篮球赛计分器原理图

（2）接口设计。篮球赛计分器接口原理图见图 4.3，LCD12864 接口原理图见图 4.4，蜂鸣器及键盘接口原理见图 4.5。

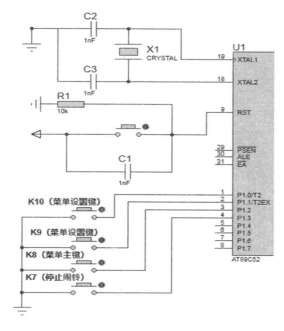

图 4.3 篮球赛计分器接口原理图

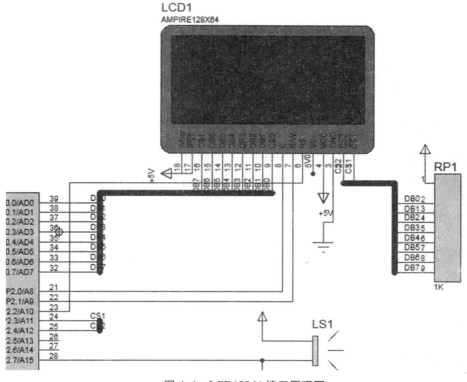

图 4.4 LCD12864 接口原理图

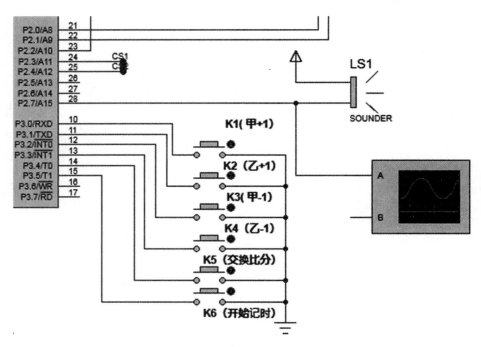

图 4.5　蜂鸣器及键盘接口原理图

3. 参考程序

```
# include ＜reg52. h＞
# include＜intrins. h＞
# include "12864drive. h"
# include "calendar. h"
# define uint unsigned int
# define uchar unsigned char
ucharaa,y,niangw = 20,niandw = 11,yue = 5,ri = 10,shi = 00,fen = 00,miao = 00,bifen1 = 00,bifen2
= 00;
uchar nianqw,nianbw,niansw,niangew,yuesw,yuegw,risw,rigw;
uchar shisw,shigw,fensw,fengw,miaosw,miaogw,ringshi = 00,ringfen = 01,ringshisw,ringshigw,
ringfensw,ringfengw,bifen1sw,bifen1gw,bifen2sw,bifen2gw;
uchar keynum,yuezuidashu;
void Displaystart();
sbit   KUP = P1^0;
sbit   KDOWN = P1^1;
sbit   KEY = P1^2;
sbit   BELL = P2^7;
sbit   F1 = P1^3;
sbit   A1 = P3^0;
sbit   B1 = P3^1;
sbit   C1 = P3^2;
sbit   D1 = P3^3;
sbit E1 = P3^4;
```

```
sbit    G1 = P3^5;
bit     b_close0 = 1;
bit     b_close1 = 1;
bit     keyf;                //设置键是否按下标志位;
bit     kupf;                //加一键是否按下标志位;
bit     kdownf;              //减一键是否按下标志位;
bit     ykeyf;               //设置键消抖动标志位;
bit     ykupf;               //加一键消抖动标志位;
bitykdownf;              //减一键消抖动标志位;
bit     a1;
bit     b1;
bit     c1;
bit     d1;
bit     e1;
bit     f1;
bit     g1;
bit     show;
bit     b_bell = 0;
bit     b_ring = 1;          //闹铃开启标志位;

void jxchengxu()
{
    nianqw = niangw/10;
    nianbw = niangw%10;
    niansw = niandw/10;
    niangew = niandw%10;
    yuesw = yue/10;
    yuegw = yue%10;
    risw = ri/10;
    rigw = ri%10;
    shisw = shi/10;
    shigw = shi%10;
    fensw = fen/10;
    fengw = fen%10;
    miaosw = miao/10;
    miaogw = miao%10;
    bifen1sw = bifen1/10;
    bifen1gw = bifen1%10;
    bifen2sw = bifen2/10;
    bifen2gw = bifen2%10;
}

void delay()
{
```

```
    uchar i,j,k;
    for(i=0;i<255;i++)
        for(j=0;j<255;j++)
            for(k=0;k<5;k++);
}

void SystemInit()
{
    TMOD=0x01;
    TH0=(65535-40000)/256;
    TL0=(65535-40000)%256;
    EA=1;
    ET0=1;
    TR0=1;
}
void jianpan()    //键盘扫描子程序;
{
    P3=P3|0xb8;
    if(KEY==0)
    {
        keyf=1;
        return;
    }
    if(KDOWN==0)
    {
        kdownf=1;
        return;
    }
    if(KUP==0)
    {
        kupf=1;
        return;
    }
    if(A1==0)
    {
        a1=1;
        return;
    }
    if(B1==0)
    {
        b1=1;
        return;
    }
    if(C1==0)
```

```
    {
        c1 = 1;
        return;
    }
    if(D1 = = 0)
    {
        d1 = 1;
        return;
    }
    if(E1 = = 0)
    {
        e1 = 1;
        return;
    }
    if(F1 = = 0)
    {
        f1 = 1;
        return;
    }
    if(G1 = = 0)
    {
        g1 = 1;
    return;
    }
}


void DisplayMenu0()
{
        ClearScreen(0);//清屏
        Display(2,0,0,16,1); //时间;
        Display(2,0,16,17,1);
        Display(2,0,32,14,1);//显示设置两字;
        Display(2,0,48,15,1);
        Display(2,2,0,18,0);//时期;
        Display(2,2,16,19,0);
        Display(2,2,32,14,0);//显示设置两字;
        Display(2,2,48,15,0);
        Display(2,4,0,20,0);
        Display(2,4,16,21,0);
        Display(2,4,32,14,0);
        Display(2,4,48,15,0);
        Display(2,6,0,24,0);
        Display(2,6,16,25,0);
}
```

```
void DisplayMenu1()
{
        ClearScreen(0);//清屏
        Display(2,0,0,16,0);
        Display(2,0,16,17,0);
        Display(2,0,32,14,0);//显示设置两字;
        Display(2,0,48,15,0);
        Display(2,2,0,18,1);
        Display(2,2,16,19,1);
        Display(2,2,32,14,1);//显示设置两字;
        Display(2,2,48,15,1);
        Display(2,4,0,20,0);
        Display(2,4,16,21,0);
        Display(2,4,32,14,0);
        Display(2,4,48,15,0);
        Display(2,6,0,24,0);
        Display(2,6,16,25,0);
}


void DisplayMenu2()
{
        ClearScreen(0);//清屏
        Display(2,0,0,16,0);
        Display(2,0,16,17,0);
        Display(2,0,32,14,0);//显示设置两字;
        Display(2,0,48,15,0);
        Display(2,2,0,18,0);
        Display(2,2,16,19,0);
        Display(2,2,32,14,0);//显示设置两字;
        Display(2,2,48,15,0);
        Display(2,4,0,20,1);
        Display(2,4,16,21,1);
        Display(2,4,32,14,1);
        Display(2,4,48,15,1);
        Display(2,6,0,24,0);
        Display(2,6,16,25,0);
}


void keychengxu()
{
    if(ykeyf==1)
        return;
    ykeyf=1;
```

```
    if((b_bell==1)&&(b_close0==1)&&b_ring==1)//如此时正响铃则关闭铃声并退出;
    {
        b_close0=0;
        return;
    }
    if(keynum==0)
    {
        show=0;
        keynum=1;
        Displayen(2,6,8,14,0);
        Displayen(2,6,40,15,0);
        Display(2,6,8,14,1);//显示反白设置两字;
        Display(2,6,24,15,1);
        return;
    }
    if(keynum==1)
    {
        show=1;
        keynum=2;
        DisplayMenu0();
        return;
    }
    if(keynum==2)
    {
        show=1;
        keynum=3;
        TR0=0;
        ClearScreen(0);//清屏
        Display(2,0,32,16,0);
        Display(2,0,48,17,0);
        Display(1,0,0,14,0);
        Display(1,0,16,15,0);
        Displayen(2,4,48,10,0);
        Displayen(1,4,8,10,0);
        Displayen(2,4,32,shisw,0);
        Displayen(2,4,40,shigw,0);
        Displayen(2,4,56,fensw,0);
        Displayen(1,4,0,fengw,0);
        Displayen(1,4,16,miaosw,1);
        Displayen(1,4,24,miaogw,1);
        return;
    }
    if(keynum==3)
    {
```

```
        keynum=5;
        Displayen(2,4,56,fensw,1);
        Displayen(1,4,0,fengw,1);
        Displayen(1,4,16,miaosw,0);
        Displayen(1,4,24,miaogw,0);
        return;
    }
if(keynum==4)
    {
        show=1;
        ClearScreen(0);//清屏
        Display(2,0,32,18,0);
        Display(2,0,48,19,0);
        Display(1,0,0,14,0);
        Display(1,0,16,15,0);
        Display(2,4,2*16,7,0);//显示年;
        Display(1,4,0*16,8,0);//显示月;
        Display(1,4,2*16,9,0);//显示日;
        Displayen(2,4,0,nianqw,0);
        Displayen(2,4,8,nianbw,0);
        Displayen(2,4,16,niansw,0);
        Displayen(2,4,24,niangew,0);
        Displayen(2,4,48,yuesw,0);
        Displayen(2,4,56,yuegw,0);
        Displayen(1,4,16,risw,1);
        Displayen(1,4,24,rigw,1);
        keynum=7;
        return;
    }
if(keynum==7)
    {
        Displayen(2,4,48,yuesw,1);
        Displayen(2,4,56,yuegw,1);
        Displayen(1,4,16,risw,0);
        Displayen(1,4,24,rigw,0);
        keynum=8;
        return;
    }
if(keynum==8)
    {
        Displayen(2,4,0,nianqw,1);
        Displayen(2,4,8,nianbw,1);
        Displayen(2,4,16,niansw,1);
        Displayen(2,4,24,niangew,1);
```

```
        Displayen(2,4,48,yuesw,0);
        Displayen(2,4,56,yuegw,0);
        keynum = 9;
        return;
    }
    if(keynum = =9)
    {
        keynum = 4;
        DisplayMenu1();
        return;
    }
    if(keynum = =5)
    {
        keynum = 6;
        Displayen(2,4,56,fensw,0);
        Displayen(1,4,0,fengw,0);
        Displayen(2,4,32,shisw,1);
        Displayen(2,4,40,shigw,1);
        return;
    }
    if(keynum = =6)
    {
        TR0 = 1;   //时间设置马上计时;
        keynum = 2;
        DisplayMenu0();
        return;
    }
    if(keynum = =10)
    {
        ClearScreen(0);//清屏
        keynum = 14;
        Display(1,4,48,27,0);//显示闹铃图标;
        Displayen(1,4,16,14,0);
        if(b_ring = =1)
        Display(1,4,24,22,0);            //显示"开"字;
        else
        Display(1,4,24,23,0);            //显示"关"字;
        Display(1,6,24,26,0);
        Displayen(1,4,40,15,0);
        Display(2,0,32,20,0);
        Display(2,0,48,21,0);
        Display(1,0,0,14,0);
        Display(1,0,16,15,0);
        Displayen(2,4,32,ringshisw,0);
```

```
            Displayen(2,4,40,ringshigw,0);
            Displayen(2,4,56,ringfensw,1);
            Displayen(1,4,0, ringfengw,1);
            Displayen(2,4,48,10,0);              //显示冒号;
            return;
        }
        if(keynum = =14)
        {
            Displayen(2,4,32,ringshisw,1);
            Displayen(2,4,40,ringshigw,1);
            Displayen(2,4,56,ringfensw,0);
            Displayen(1,4,0, ringfengw,0);
            keynum=15;
            return;
        }
        if(keynum = =15)
        {
            if(b_ring = =1)
                Display(1,4,24,22,1);            //显示"开"字;
            else
                Display(1,4,24,23,1);            //显示"关"字;
            keynum=16;
            return;
        }
        if(keynum = =16)
        {
            keynum=10;
            DisplayMenu2();
            return;
        }
        if(keynum = =11)
        {
            show=0;
            keynum=0;
            ClearScreen(0);//清屏
            Displaystart();
        }
    }
    void kdownchengxu()
    {
        if(ykdownf = =1)
            return;
        ykdownf=1;
        if((b_bell = =1)&&(b_close0 = =1)&&b_ring = =1)//如此时正响铃则关闭铃声并退出;
```

```
        {
            b_close0 = 0;
            return；
        }
    if(keynum = = 2)
        {
            Display(2,0,0,16,0)；//显示时间两字；
            Display(2,0,16,17,0)；
            Display(2,0,32,14,0)；//显示设置两字；
            Display(2,0,48,15,0)；
            Display(2,2,0,18,1)；//显示日期两字；
            Display(2,2,16,19,1)；
            Display(2,2,32,14,1)；//显示设置两字；
            Display(2,2,48,15,1)；
            Display(2,4,0,20,0)；
            Display(2,4,16,21,0)；
            Display(2,4,32,14,0)；
            Display(2,4,48,15,0)；
            Display(2,6,0,24,0)；//显示返回两字；
            Display(2,6,16,25,0)；
            keynum = 4；
            return；
        }
    if(keynum = = 4)    //日期设置状态；
        {
            Display(2,0,0,16,0)；
            Display(2,0,16,17,0)；
            Display(2,0,32,14,0)；//显示设置两字；
            Display(2,0,48,15,0)；
            Display(2,2,0,18,0)；
            Display(2,2,16,19,0)；
            Display(2,2,32,14,0)；//显示设置两字；
            Display(2,2,48,15,0)；
            Display(2,4,0,20,1)；
            Display(2,4,16,21,1)；
            Display(2,4,32,14,1)；
            Display(2,4,48,15,1)；
            Display(2,6,0,24,0)；
            Display(2,6,16,25,0)；
            keynum = 10；
            return；
        }
    if(keynum = = 10)    //日期设置状态；
        {
```

```
        Display(2,0,0,16,0);
        Display(2,0,16,17,0);
        Display(2,0,32,14,0);//显示设置两字;
        Display(2,0,48,15,0);
        Display(2,2,0,18,0);
        Display(2,2,16,19,0);
        Display(2,2,32,14,0);//显示设置两字;
        Display(2,2,48,15,0);
        Display(2,4,0,20,0);
        Display(2,4,16,21,0);
        Display(2,4,32,14,0);
        Display(2,4,48,15,0);
        Display(2,6,0,24,1);
        Display(2,6,16,25,1);
        keynum=11;
        return;
    }
    if(keynum==11)
    {
        Display(2,0,0,16,1);
        Display(2,0,16,17,1);
        Display(2,0,32,14,1);//显示设置两字;
        Display(2,0,48,15,1);
        Display(2,2,0,18,0);
        Display(2,2,16,19,0);
        Display(2,2,32,14,0);//显示设置两字;
        Display(2,2,48,15,0);
        Display(2,4,0,20,0);
        Display(2,4,16,21,0);
        Display(2,4,32,14,0);
        Display(2,4,48,15,0);
        Display(2,6,0,24,0);
        Display(2,6,16,25,0);
        keynum=2;
    }
    if(keynum==3)
    {
        miao--;
        if(miao==-1)
            miao=59;
        miaosw=miao/10;
        miaogw=miao%10;
        Displayen(1,4,16,miaosw,1);
        Displayen(1,4,24,miaogw,1);
```

```
    }
    if(keynum= =5)
    {
        fen- - ;
        if(fen= = -1)
            fen=59;
        fensw=fen/10;
        fengw=fen%10;
        Displayen(2,4,56,fensw,1);
        Displayen(1,4,0,fengw,1);
    }
    if(keynum= =6)
    {
        shi- - ;
        if(shi= = -1)
            shi=23;
        shisw=shi/10;
        shigw=shi%10;
        Displayen(2,4,32,shisw,1);
        Displayen(2,4,40,shigw,1);
    }
    if(keynum= =7)
    {
        ri- - ;
        if(yue= =2&&ri= =0)
            ri=month_n_day((niangw≪6)+(niangw≪5)+(niangw≪2)+niandw,2);
        if((yue= =1||yue= =3||yue= =5||yue= =7||yue= =8||yue= =10||yue= =12)&&ri=
=0)
            ri=31;
        if((yue= =4||yue= =6||yue= =9||yue= =11)&&ri= =00)
            ri=30;
        risw=ri/10;
        rigw=ri%10;
        Displayen(1,4,16,risw,1);
        Displayen(1,4,24,rigw,1);
    }
    if(keynum= =8)
    {
        yue- - ;
        if(yue= =0)
            yue=12;
        yuesw =yue/10;
        yuegw =yue%10;
    yuezuidashu=month_n_day((niangw≪6)+(niangw≪5)+(niangw≪2)+niandw,yue);
```

```
        if(ri>yuezuidashu)
        {
            ri = yuezuidashu;
            risw = ri/10;
            rigw = ri%10;
            Displayen(1,4,16,risw,0);
            Displayen(1,4,24,rigw,0);
        }
    Displayen(2,4,48,yuesw,1);
    Displayen(2,4,56,yuegw,1);
}
if(keynum = = 9)
{
    niandw - - ;
    if(niandw = = - 1)
    {
        niandw = 99;
        niangw - - ;
    }
    nianqw = niangw/10;
    nianbw = niangw%10;
    niansw = niandw/10;
    niangew = niandw%10;
    Displayen(2,4,0,nianqw,1);
    Displayen(2,4,8,nianbw,1);
    Displayen(2,4,16,niansw,1);
    Displayen(2,4,24,niangew,1);
}
if(keynum = = 14)
{
    ringfen - - ;
    if(ringfen = = - 1)
        ringfen = 59;
    ringfensw = ringfen/10;
    ringfengw = ringfen%10;
    Displayen(2,4,56,ringfensw,1);
    Displayen(1,4,0, ringfengw,1);
}
if(keynum = = 15)
{
    ringshi - - ;
    if(ringshi = = - 1)
        ringshi = 23;
    ringshisw = ringshi/10;
```

```
        ringshigw = ringshi%10；
        Displayen(2,4,32,ringshisw,1)；
        Displayen(2,4,40,ringshigw,1)；
    }
if(keynum = = 16)
{
    b_ring = ! b_ring；
    if(b_ring = = 1)
        Display(1,4,24,22,1)；//显示"开"字；
    else
        Display(1,4,24,23,1)；//显示"关"字；
        keynum = 16；
    }
}

void Displaystart()
{
    Display(2,2,40,7,0)；//显示年；
    Display(1,2,8,8,0)；//显示月；
    Display(1,2,40,9,0)；//显示日；
    Displayen(1,0,0,12,0)；
    Displayen(1,0,8,13,0)；
    Display(1,0,16,9,0)；
    Display(1,0,32,10,0)；
    Display(1,0,48,11,0)；
    Display(2,0,16,12,0)；
    Display(2,0,32,13,0)；
    Display(2,0,48,11,0)；
    Displayen(2,6,0,14,0)；
    Displayen(2,6,40,15,0)；
    Display(2,6,8,5,0)；//显示比分两字；
    Display(2,6,24,6,0)；
    Display(1,6,48,4,0)；
    Displayen(2,4,48,10,0)；
    Displayen(1,4,8,10,0)；
}

void jiaohuan()
{
delay()；
if(e1 = = 1)
{
int temp；
temp = bifen1；
```

```
        bifen1 = bifen2;
        bifen2 = temp;
                Displayen(1,6,0,bifen1sw,0);
                Displayen(1,6,8,bifen1gw,0);
                Displayen(1,6,24,bifen2sw,0);
                Displayen(1,6,32,bifen2gw,0);
            Displayen(1,0,0,12,0);
            Displayen(1,0,8,13,0);
            Display(2,0,16,9,0);
            Display(2,0,32,10,0);
            Display(2,0,48,11,0);
            Display(1,0,16,12,0);
            Display(1,0,32,13,0);
            Display(1,0,48,11,0);


        }
    }


    voidtingzhi()
    {
        if((b_bell = = 1)&&(b_close0 = = 1)&&b_ring = = 1)//如此时正响铃则关闭铃声并退出;
        {
            b_close0 = 0;
            return;
        }
    }


    void jiafen1()
    {
        delay();
      if(a1 = = 1)
      { bifen1 + + ;
            if(bifen1 = = 100)
            bifen1 = 0;
            bifen1sw = bifen1/10;
            bifen1gw = bifen1%10;
            Displayen(1,6,0,bifen1sw,0);
            Displayen(1,6,8,bifen1gw,0);
        }
    }
    void kaishi()
    {
    delay();
    if(g1 = = 1)
```

```
{EA=1;
}
}


void jiafen2()
{
    delay();
        if(b1==1)
        { bifen2++;
        if(bifen2==100)
            bifen2=0;
            bifen2sw=bifen2/10;
            bifen2gw=bifen2%10;
            Displayen(1,6,24,bifen1sw,0);
            Displayen(1,6,32,bifen1gw,0);
        }
}


void jianfen1()
{
    delay();
        if(c1==1)
        { bifen1--;
        if(bifen1==100)
            bifen1=0;
            bifen1sw=bifen1/10;
            bifen1gw=bifen1%10;
            Displayen(1,6,0,bifen1sw,0);
            Displayen(1,6,8,bifen1gw,0);
        }
}


void jianfen2()
{
    delay();
        if(d1==1)
        { bifen2--;
        if(bifen2==100)
            bifen2=0;
            bifen2sw=bifen2/10;
            bifen2gw=bifen2%10;
            Displayen(1,6,24,bifen2sw,0);
            Displayen(1,6,32,bifen2gw,0);
        }
```

```
}
void kupchengxu()
{
    if(ykupf = = 1)
        return;
            ykupf = 1;
    if((b_bell = = 1)&&(b_close0 = = 1)&&b_ring = = 1)//如此时正响铃则关闭铃声并退出;
    {
        b_close0 = 0;
        return;
    }
    if(keynum = = 2)
    {
        Display(2,0,0,16,0);
        Display(2,0,16,17,0);
        Display(2,0,32,14,0);//显示设置两字;
        Display(2,0,48,15,0);
        Display(2,2,0,18,0);
        Display(2,2,16,19,0);
        Display(2,2,32,14,0);//显示设置两字;
        Display(2,2,48,15,0);
        Display(2,4,0,20,0);
        Display(2,4,16,21,0);
        Display(2,4,32,14,0);
        Display(2,4,48,15,0);
        Display(2,6,0,24,1);
        Display(2,6,16,25,1);
        keynum = 11;
        return;
    }
    if(keynum = = 11)    //日期设置状态;
    {
        Display(2,0,0,16,0);
        Display(2,0,16,17,0);
        Display(2,0,32,14,0);//显示设置两字;
        Display(2,0,48,15,0);
        Display(2,2,0,18,0);
        Display(2,2,16,19,0);
        Display(2,2,32,14,0);//显示设置两字;
        Display(2,2,48,15,0);
        Display(2,4,0,20,1);
        Display(2,4,16,21,1);
        Display(2,4,32,14,1);
        Display(2,4,48,15,1);
```

```
        Display(2,6,0,24,0);
        Display(2,6,16,25,0);
        keynum＝10;
        return;
    }
if(keynum＝＝10)    //日期设置状态;
    {
        Display(2,0,0,16,0);
        Display(2,0,16,17,0);
        Display(2,0,32,14,0);//显示设置两字;
        Display(2,0,48,15,0);
        Display(2,2,0,18,1);
        Display(2,2,16,19,1);
        Display(2,2,32,14,1);//显示设置两字;
        Display(2,2,48,15,1);
        Display(2,4,0,20,0);
        Display(2,4,16,21,0);
        Display(2,4,32,14,0);
        Display(2,4,48,15,0);
        Display(2,6,0,24,0);
        Display(2,6,16,25,0);
        keynum＝4;
        return;
    }
if(keynum＝＝4)
    {
        Display(2,0,0,16,1);
        Display(2,0,16,17,1);
        Display(2,0,32,14,1);//显示设置两字;
        Display(2,0,48,15,1);
        Display(2,2,0,18,0);
        Display(2,2,16,19,0);
        Display(2,2,32,14,0);//显示设置两字;
        Display(2,2,48,15,0);
        Display(2,4,0,20,0);
        Display(2,4,16,21,0);
        Display(2,4,32,14,0);
        Display(2,4,48,15,0);
        Display(2,6,0,24,0);
        Display(2,6,16,25,0);
        keynum＝2;
    }
if(keynum＝＝3)
    {
```

```
                miao++;
                if(miao==60)
                miao=0;
                miaosw=miao/10;
                miaogw=miao%10;
                Displayen(1,4,16,miaosw,1);
                Displayen(1,4,24,miaogw,1);
            }
        if(keynum==5)
        {
                fen++;
                if(fen==60)
                    fen=0;
                fensw=fen/10;
                fengw=fen%10;
                Displayen(2,4,56,fensw,1);
                Displayen(1,4,0,fengw,1);
        }
        if(keynum==6)
        {
                shi++;
                if(shi==24)
                    shi=0;
                shisw=shi/10;
                shigw=shi%10;
                Displayen(2,4,32,shisw,1);
                Displayen(2,4,40,shigw,1);
        }
        if(keynum==7)
        {
                ri++;
                if(yue==2)
                {
yuezuidashu=month_n_day((niangw<<6)+(niangw<<5)+(niangw<<2)+niandw,2);
                    if(ri>yuezuidashu)
                    ri=1;
                }
                if((yue==1||yue==3||yue==5||yue==7||yue==8||yue==10||yue==12)
&&ri==32)
                        ri=1;
                if((yue==4||yue==6||yue==9||yue==11)&&ri==31)
                ri=1;
                risw=ri/10;
                rigw=ri%10;
```

```
        Displayen(1,4,16,risw,1);
        Displayen(1,4,24,rigw,1);
    }
if(keynum==8)
{
        yue++;
        if(yue==13)
        yue=1;
yuezuidashu=month_n_day((niangw≪6)+(niangw≪5)+(niangw≪2)+niandw,yue);
        if(ri>yuezuidashu)
        {
            ri=yuezuidashu;
            risw=ri/10;
            rigw=ri%10;
            Displayen(1,4,16,risw,0);
            Displayen(1,4,24,rigw,0);
        }
        yuesw=yue/10;
        yuegw=yue%10;
        Displayen(2,4,48,yuesw,1);
        Displayen(2,4,56,yuegw,1);
}
if(keynum==9)
{
        niandw++;
        if(niandw==100)
        {
            niandw=0;
            niangw++;
        }
        nianqw=niangw/10;
        nianbw=niangw%10;
        niansw=niandw/10;
        niangew=niandw%10;
        Displayen(2,4,0,nianqw,1);
        Displayen(2,4,8,nianbw,1);
        Displayen(2,4,16,niansw,1);
        Displayen(2,4,24,niangew,1);
}
if(keynum==14)
{
        ringfen++;
        if(ringfen==60)
            ringfen=0;
```

```
            ringfensw = ringfen/10;
            ringfengw = ringfen%10;
            Displayen(2,4,56,ringfensw,1);
            Displayen(1,4,0, ringfengw,1);
        }
    if(keynum = = 15)
    {
        ringshi + + ;
        if(ringshi = = 24)
            ringshi = 0;
        ringshisw = ringshi/10;
        ringshigw = ringshi%10;
        Displayen(2,4,32,ringshisw,1);
        Displayen(2,4,40,ringshigw,1);
    }
}

voidjianzhichuli()        //键值处理子程序;
{
    if(keyf = = 1)
    {
        if(KEY = = 0)
            keychengxu();
        else
        {
            ykeyf = 0;
            keyf = 0;
        }
    }
    if(kupf = = 1)
    {
        if(KUP = = 0)
            kupchengxu();
        else
        {
            ykupf = 0;
            kupf = 0;
        }
    }
    if(kdownf = = 1)
    {
        if(KDOWN = = 0)
            kdownchengxu();
        else
```

```
                {
                    ykdownf = 0;
                    kdownf = 0;
                }
            }
            if(a1 = = 1)
            {
                if(A1 = = 0)
                    jiafen1();
                else
                {
                    a1 = 0;
                }
            }
    if(b1 = = 1)
            {
                if(B1 = = 0)
                    jiafen2();
                else
                {
                    b1 = 0;
                }
            }
    if(c1 = = 1)
            {
                if(C1 = = 0)
                    jianfen1();
                else
                {
                    c1 = 0;
                }
            }
            if(d1 = = 1)
            {
                if(D1 = = 0)
                    jianfen2();
                else
                {
                    c1 = 0;
                }
            }
            if(e1 = = 1)
            {
                if(E1 = = 0)
```

```
                jiaohuan();
            else
            {
                e1 = 0;
            }
        }
        if(f1 = = 1)
        {
            if(F1 = = 0)
                tingzhi();
            else
            {
                f1 = 0;
            }
        }
        if(g1 = = 1)
        {
            if(G1 = = 0)
                kaishi();

            else
            {
                g1 = 0;
            }
        }
    }


void bellout()
{   uchar i,j;
    for(i = 0;i<300;i + +)
        for(j = 0;j<300;j + +)
    BELL = ~BELL;
}


void main()
{
    InitLCD(); //初始 12864
    SystemInit();
    ClearScreen(0); //清屏
    SetStartLine(0); //显示开始行
    Displaystart();
    while(1)
    {
        jxchengxu();
```

```
        if(show= =0)
        {
            Displayen(2,2,8,nianqw,0);
            Displayen(2,2,16,nianbw,0);
            Displayen(2,2,24,niansw,0);
            Displayen(2,2,32,niangew,0);
            Displayen(2,2,56,yuesw,0);
            Displayen(1,2,0,yuegw,0);
            Displayen(1,2,24,risw,0);
            Displayen(1,2,32,rigw,0);
            Displayen(2,4,32,shisw,0);
            Displayen(2,4,40,shigw,0);
            Displayen(2,4,56,fensw,0);
            Displayen(1,4,0,fengw,0);
            Displayen(1,4,16,miaosw,0);
            Displayen(1,4,24,miaogw,0);
            Displayen(1,6,0,bifen1sw,0);
            Displayen(1,6,8,bifen1gw,0);
            Displayen(1,6,16,10,0);
            Displayen(1,6,24,bifen2sw,0);
            Displayen(1,6,32,bifen2gw,0);
    if((miao>00)&&(fen> =01))
            {Display(1,6,48,3,0);
        }
    if((fen= =01)&&(miao= =00))
            {Display(1,6,48,2,0);}
        if(b_ring= =1)
        {Display(1,4,48,27,0);}
        }
    jianpan();
    jianzhichuli();
    if((b_bell= =1)&&(b_close0= =1)&&b_ring= =1)
        bellout();    //闹铃时间到响铃;
    if(b_bell= =0)
        b_close0=1;
    }
}

void timer0() interrupt 1
{
    TH0=(65535-50000)/256;
    TL0=(65535-50000)%256;
    aa++;
    if(aa> =20)
```

```
            {
                aa = 0;
                miao + + ;
                if(miao = = 60)
                {
                    miao = 00;
                    fen + + ;
                    if(fen = = 60)
                    {
                        fen = 00;
                        shi + + ;
                        if(shi = = 24)
                            shi = 0;
                        }   {
                    }
                }
            if((fen = = 01)&&(miao = = 00))
                {
                EA = 0;
                }
                if((ringfen = = fen)&&(ringshi = = shi))
                    b_bell = 1;
                else
                    b_bell = 0;
                }
        }
```

项目 3　跳舞机设计

1. 设计目标

跳舞机作为一种音乐节奏类型的游戏,利用玩家的双脚来跟踪屏幕的箭头完成游戏。设计采用芯片 AT89c52 来完成一个简易的跳舞机系统。系统分为显示、按键、声音等模块,能实现简单的跳舞机输出显示及反馈用户输入功能。屏幕按一定节奏随机产生方向箭头,用户根据屏幕显示,通过按键输入方向信号。系统接收并判断输入对错,通过屏幕显示确认画面并发出不同频率声音来反馈用户输入对错,同时对游戏结果记分,完成游戏。

2. 原理图(图 4.6)

(1) 应用系统设计

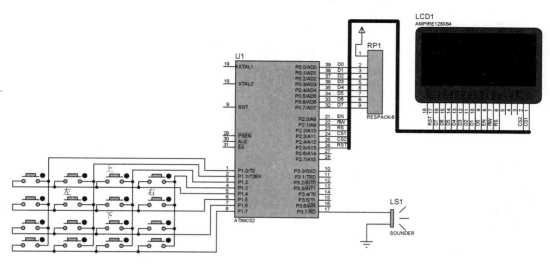

图 4.6 跳舞机原理图

3. 参考程序

```
/* * * * * * * * 包含主函数的文件 dance.c * * * * * * * * * * * * */
#include<reg52.h>
#define LCD P0
#include "ZK.h"
unsigned char a,i,j,k;
#define uchar unsigned char
#define uint   unsigned int
int b,anjian;
int m[] = {2,10,5,7,5,10,5,2,5,7};
sbit sound = P3^7;
unsigned int C;          //储存定时器的定时常数
//以下是 C 调低音的音频宏定义
#define l_dao 262     //将"l_dao"宏定义为低音"1"的频率 262 Hz
#define l_re 286      //将"l_re"宏定义为低音"2"的频率 286 Hz
#define l_mi 311      //将"l_mi"宏定义为低音"3"的频率 311 Hz
#define l_fa 349      //将"l_fa"宏定义为低音"4"的频率 349 Hz
#define l_sao 392     //将"l_sao"宏定义为低音"5"的频率 392 Hz
#define l_la 440      //将"l_a"宏定义为低音"6"的频率 440 Hz
#define l_xi 494      //将"l_xi"宏定义为低音"7"的频率 494 Hz
//以下是 C 调中音的音频宏定义
#define dao 523       //将"dao"宏定义为中音"1"的频率 523 Hz
#define re 587        //将"re"宏定义为中音"2"的频率 587 Hz
#define mi 659        //将"mi"宏定义为中音"3"的频率 659 Hz
#define fa 698        //将"fa"宏定义为中音"4"的频率 698 Hz
#define sao 784       //将"sao"宏定义为中音"5"的频率 784 Hz
#define la 880        //将"la"宏定义为中音"6"的频率 880 Hz
#define xi 987        //将"xi"宏定义为中音"7"的频率 523 Hz
```

```
//以下是 C 调高音的音频宏定义
#define h_dao 1046        //将"h_dao"宏定义为高音"1"的频率 1046 Hz
#define h_re 1174         //将"h_re"宏定义为高音"2"的频率 1174 Hz
#define h_mi 1318       //将"h_mi"宏定义为高音"3"的频率 1318 Hz
#define h_fa 1396       //将"h_fa"宏定义为高音"4"的频率 1396 Hz
#define h_sao 1567       //将"h_sao"宏定义为高音"5"的频率 1567 Hz
#define h_la 1760        //将"h_la"宏定义为高音"6"的频率 1760 Hz
#define h_xi 1975        //将"h_xi"宏定义为高音"7"的频率 1975 Hz

sbit EN = P2^0;
sbit RW = P2^1;
sbit RS = P2^2;
sbit CS1 = P2^3;
sbit CS2 = P2^4;
sbit BUSY = P0^0;

checkbusy()
{ EN = 1;

    RW = 1;
    RS = 0;
    LCD = 0XFF;
    if(BUSY);
}
writecode(unsigned char dat)   //

{ checkbusy();
    EN = 1;
    RW = 0;
    RS = 0;
    LCD = dat;
    EN = 1;
    EN = 0;
}
writedata(unsigned char dat)   //

{ checkbusy();
    EN = 1;
    RW = 0;
    RS = 1;
    LCD = dat;
    EN = 1;
    EN = 0;
}
```

```
void LCDDisplay(unsigned char page,unsigned char lineaddress, unsigned char table[8][128])
{


    for(i=0;i<8;i++)
        {
            if(lineaddress<0X80)
                {
                    CS1=0;
                    CS2=0;
                }
            writecode(page+i);
            writecode(lineaddress);
        for(j=0;j<64;j++)
            {
            writedata(table[i][j]);
        lineaddress+=1;
        }

            if(lineaddress>=0X80)

                {
                CS1=0;
                    CS2=1;
                    lineaddress=lineaddress-0X40;
                }
                writecode(page+i);
                    writecode(lineaddress);
                        for(j=64;j<128;j++)
                    {
                    writedata(table[i][j]);
                lineaddress+=1;
                    }
                if(lineaddress>=0X80)
                    {
                  lineaddress=lineaddress-0X40;
                        }
        }
    }

    void LCDDisplay12(unsigned char page,unsigned char lineaddress,unsigned char table[8][64])
    {
        if(lineaddress<0X80)
            {
```

```
                CS1 = 0;
                CS2 = 1;
            }

        if(lineaddress > = 0X80)
          {
          CS1 = 1;
          CS2 = 0;
          lineaddress = lineaddress - 0X40;
          }

            for(i = 0;i<8;i + +)
                {   writecode(page + i);
                    writecode(lineaddress);
        for(j = 0;j<64;j + +)
            {
            writedata(table[i][j]);
        }
        }

}

void lcdinti()
{   writecode(0X3F);
    writecode(0XC0);
    writecode(0XB8);
    writecode(0X40);
}

void delay_ms(unsigned int ms)
{
    unsigned int a;
    while(ms - -)      //while()内的 ms 不为 0,即为真
    for(a = 0;a<123;a + +);
}

void Set_page(uchar page)
{
page = 0xb8|page;
writecode(page);
}

void Set_line(uchar startline)
{
```

```
startline = 0xC0 | startline;
writecode(startline);
}

void Set_column(uchar column)
{

column = column &0x3f;
column = 0x40 | column;
writecode(column);
}

void SelectScreen(uchar screen)
{
switch(screen)
{
case 0: CS1 = 0;CS2 = 0;break;
case 1: CS1 = 0;CS2 = 1;break;
case 2: CS1 = 1;CS2 = 0;break;
default:break;
}
}

void ClearScreen(uchar screen)
{
uchar i,j;
SelectScreen(screen);
for(i = 0;i<8;i+ +)
{
Set_page(i);
Set_column(0);
for(j = 0;j<64;j+ +)
{
writedata(0x00);
}
}
}

unsigned char Key_Scan(void)//键盘扫描函数,如果有键按下则返回键1-15,若无返回'E'
{
unsigned char i, key;
unsigned char re1 = 88;
P1 = 0xf0;
if(P1! = 0xf0)//这就算是进来了
```

```
        {
        delay_ms(1);
        if(P1! =0xf0){
        P1=0xfe;
        for(i=0;i<4;i++)//四次扫描
            {
    key=P1&0xf0;//屏蔽掉低 4 位 只保留检测回来的位
    switch(key)
            {
        case 0xe0：   re1=i;break;//能记录 0-3
        case 0xd0：   re1=i+4;break;//能记录 4-7
        case 0xb0：   re1=i+8;break;//能记录 8-11
        case 0x70：   re1=i+12;break;//能记录 12-15
        default：;
            }
    P1=(P1<<1)+1;//把 P1 口的 0 的位向左移动
    if(re1! =88)break;//检测到按键后退出 for 循环
        }
    P1=0xf0;
    while(P1! =0xf0);//松手检测
    return(re1);//返回键值 返回的数字不是 ASC 值
    }
}
else return 16;//没有键按下返回'E'
}
/********************************************
**********************
函数功能:定时器 T0 的中断服务子程序,使 P3.7 引脚输出音频的方波
*********************************************
*******************/
void Time0(void ) interrupt 1 using 1
    {
        sound=! sound;        //将 P3.7 引脚输出电平取反,形成方波
        TH0=(8192-C)/32;    //可证明这是 13 位计数器 TH0 高 8 位的赋初值方法
        TL0=(8192-C)%32;    //可证明这是 13 位计数器 TL0 低 5 位的赋初值方法
    }


unsigned char Sound(int x)
    {
    unsigned char i,j;
        unsigned   int code f[]={dao,re,mi

                        ,0xff}; //以 0xff 作为音符的结束标志
//以下是简谱中每个音符的节拍
```

```
unsigned   int code g[ ] = {l_mi,l_re,l_dao,0xff}; //以 0xff 作为音符的结束标志
//"4"对应 4 个延时单位,"2"对应 2 个延时单位,"1"对应 1 个延时单位
unsigned char code JP[ ] = {1,1,1};
            unsigned int * p;
            if(x = = 1)p = f;else p = g;
            EA = 1;          //开总中断
            ET0 = 1;         //定时器 T0 中断允许
            TMOD = 0x00;     //使用定时器 T0 的模式 1(13 位计数器)
            //while(1)       //无限循环
            // {
                i = 0;     //从第 1 个音符 f[0]开始播放
            while(p[i]! = 0xff)              //只要没有读到结束标志就继续播放
                {
                C = 460830/p[i];
                TH0 = (8192 - C)/32;     //可证明这是 13 位计数器 TH0 高 8 位的赋初值方法
                TL0 = (8192 - C)%32;     //可证明这是 13 位计数器 TL0 低 5 位的赋初值方法
                TR0 = 1;                 //启动定时器 T0
                  for(j = 0;j<JP[i];j+ + )  //控制节拍数
                    delay_ms(200);          //延时 1 个节拍单位
                  TR0 = 0;                //关闭定时器 T0
                  i+ + ;                  //播放下一个音符
            // }
        }
            }


    void Select( )
    {

        int n;
        int k;
        int fen = 0;
//     randomize;
//srand((unsigned) time(NULL));
// n = rand()%n;
        for(k = 0;k<10;k+ + )
        {
        n = m[k];
        switch(n)
        {
        case 2:LCDDisplay12(0Xb8,0X40,&shang);delay_ms(1000);goto mark;
        case 10:LCDDisplay12(0Xb8,0X40,&xia);delay_ms(1000);goto mark;
        case 5:LCDDisplay12(0Xb8,0X40,&zuo); delay_ms(1000); goto mark;
        case 7:LCDDisplay12(0Xb8,0X40,&you);  delay_ms(1000); goto mark;
        default;
```

```
}

    mark: for(a=0;a<256;a++){
    anjian=Key_Scan();
    if(anjian!=16)
    break;
    else
    anjian=16;
        }

    if(anjian==n)
        {
            LCDDisplay12(0Xb8,0X80,&zi1);
            Sound(1);
            delay_ms(500);
            ClearScreen(2);
            fen++;
        }
    else{LCDDisplay12(0Xb8,0X80,&zi0);
        Sound(0);
        delay_ms(500);
        ClearScreen(2);
        }
ClearScreen(0);
delay_ms(1000);
        }
    if(fen==0){
    LCDDisplay12(0Xb8,0X40,&ling);
    LCDDisplay12(0Xb8,0X80,&ling);}
    if(fen==1){
    LCDDisplay12(0Xb8,0X40,&yi);
    LCDDisplay12(0Xb8,0X80,&ling);}
    if(fen==2){
    LCDDisplay12(0Xb8,0X40,&er);
    LCDDisplay12(0Xb8,0X80,&ling);}
    if(fen==3){
    LCDDisplay12(0Xb8,0X40,&san);
    LCDDisplay12(0Xb8,0X80,&ling);}
    if(fen==4){
    LCDDisplay12(0Xb8,0X40,&si);
    LCDDisplay12(0Xb8,0X80,&ling);}
    if(fen==5){
    LCDDisplay12(0Xb8,0X40,&wu);
```

```
            LCDDisplay12(0Xb8,0X80,&ling);}
            if(fen==6){
            LCDDisplay12(0Xb8,0X40,&liu);
            LCDDisplay12(0Xb8,0X80,&ling);}
            if(fen==7){
            LCDDisplay12(0Xb8,0X40,&qi);
            LCDDisplay12(0Xb8,0X80,&ling);}
            if(fen==8){
            LCDDisplay12(0Xb8,0X40,&ba);
            LCDDisplay12(0Xb8,0X80,&ling);}
            if(fen==9){
            LCDDisplay12(0Xb8,0X40,&jiu);
            LCDDisplay12(0Xb8,0X80,&ling);}

        }

    main()
    {
        Select();
      // LCDDisplay12(0Xb8,0X80,&zi0);
    // LCDDisplay12(0Xb8,0X40,&zuo);
      //LCDDisplay(0Xb8,0X40,&ch);
    while(1);
    }

    /*********头文件ZK.h************/
/*--文字：  欢   --*/
/*--楷体_GB231212;  此字体下对应的点阵为:宽×高=16×16   --*/
unsigned char codehuan[]={
0x00,0xA0,0x20,0x10,0xF0,0x00,0x40,0x38,0xA7,0x10,0x50,0x30,0x10,0x00,0x00,0x00,
0x10,0x08,0x05,0x02,0x05,0x20,0x10,0x0C,0x03,0x04,0x08,0x10,0x30,0x20,0x20,0x00};

/*--调入了一幅图像:宽度×高度=64×64   --*/
char code ling[8][64]={
0x00,0x00,0x00,0x00,0x00,0x00,0x00,0x00,0x00,0x00,0x00,0x00,0x00,0x00,0x00,0x40,
0xC0,0xE0,0xF0,0xF0,0xF0,0xF0,0xF0,0xF0,0xF0,0xF0,0xF0,0xF0,0xF0,0xF0,0xF0,0xF0,
0xF0,0xF0,0xF0,0xF0,0xF0,0xF0,0xF0,0xF0,0xF0,0xF0,0xF0,0xF0,0xF0,0xF0,0xE0,0xC0,
0x40,0x00,0x00,0x00,0x00,0x00,0x00,0x00,0x00,0x00,0x00,0x00,0x00,0x00,0x00,0x00,
0x00,0x00,0x00,0x00,0x00,0x00,0x00,0x00,0x00,0xFC,0xFC,0xFE,0xFF,0xFF,0xFE,0xFE,
0xFC,0x08,0x01,0x03,0x01,0x01,0x01,0x01,0x01,0x01,0x01,0x01,0x01,0x01,0x01,0x01,
0x01,0x01,0x01,0x01,0x01,0x01,0x01,0x01,0x01,0x01,0x01,0x01,0x01,0x01,0xFC,0xFE,
0xFE,0xFF,0xFF,0xFE,0xFE,0xFC,0x00,0x00,0x00,0x00,0x00,0x00,0x00,0x00,0x00,0x00,
0x00,0x00,0x00,0x00,0x00,0x00,0x00,0x00,0x00,0xFF,0xFF,0xFF,0xFF,0xFF,0xFF,0xFF,
0xFF,0x00,0x00,0x00,0x00,0x00,0x00,0x00,0x00,0x00,0x00,0x00,0x00,0x00,0x00,0x00,
```

```
0x00,0x00,0x00,0x00,0x00,0x00,0x00,0x00,0x00,0x00,0x00,0x00,0x00,0x00,0xFF,0xFF,
0xFF,0xFF,0xFF,0xFF,0xFF,0xFF,0x00,0x00,0x00,0x00,0x00,0x00,0x00,0x00,0x00,0x00,
0x00,0x00,0x00,0x00,0x00,0x00,0x00,0x00,0x00,0x0F,0x1F,0x3F,0x3F,0x7F,0x3F,0x1F,
0x1F,0x08,0x00,0x00,0x00,0x00,0x00,0x00,0x00,0x00,0x00,0x00,0x00,0x00,0x00,0x00,
0x00,0x00,0x00,0x00,0x00,0x00,0x00,0x00,0x00,0x00,0x00,0x00,0x00,0x00,0x0F,0x1F,
0x3F,0x3F,0x3F,0x3F,0x1F,0x0F,0x00,0x00,0x00,0x00,0x00,0x00,0x00,0x00,0x00,0x00,
0x00,0x00,0x00,0x00,0x00,0x00,0x00,0x00,0x00,0xF8,0xFC,0xFC,0xFE,0xFE,0xFE,0xFC,
0xF8,0x10,0x00,0x00,0x00,0x00,0x00,0x00,0x00,0x00,0x00,0x00,0x00,0x00,0x00,0x00,
0x00,0x00,0x00,0x00,0x00,0x00,0x00,0x00,0x00,0x00,0x00,0x00,0x00,0x00,0xF8,0xFC,
0xFC,0xFE,0xFE,0xFE,0xFC,0xF8,0x00,0x00,0x00,0x00,0x00,0x00,0x00,0x00,0x00,0x00,
0x00,0x00,0x00,0x00,0x00,0x00,0x00,0x00,0x00,0xFF,0xFF,0xFF,0xFF,0xFF,0xFF,0xFF,
0xFF,0x00,0x00,0x00,0x00,0x00,0x00,0x00,0x00,0x00,0x00,0x00,0x00,0x00,0x00,0x00,
0x00,0x00,0x00,0x00,0x00,0x00,0x00,0x00,0x00,0x00,0x00,0x00,0x00,0x00,0xFF,0xFF,
0xFF,0xFF,0xFF,0xFF,0xFF,0xFF,0x00,0x00,0x00,0x00,0x00,0x00,0x00,0x00,0x00,0x00,
0x00,0x00,0x00,0x00,0x00,0x00,0x00,0x00,0x00,0x1F,0x3F,0x3F,0x7F,0x7F,0x7F,0x3F,
0x1F,0x80,0xC0,0xC0,0xC0,0xC0,0xC0,0xC0,0xC0,0xC0,0xC0,0xC0,0xC0,0xC0,0xC0,0xC0,
0xC0,0xC0,0xC0,0xC0,0xC0,0xC0,0xC0,0xC0,0xC0,0xC0,0xC0,0xC0,0xC0,0xC0,0x9F,0xBF,
0x3F,0x7F,0x7F,0x7F,0x3F,0x1F,0x00,0x00,0x00,0x00,0x00,0x00,0x00,0x00,0x00,0x00,
0x00,0x00,0x00,0x00,0x00,0x00,0x00,0x00,0x00,0x00,0x00,0x00,0x00,0x00,0x00,0x01,
0x01,0x03,0x03,0x07,0x07,0x07,0x07,0x07,0x07,0x07,0x07,0x07,0x07,0x07,0x07,0x07,
0x07,0x07,0x07,0x07,0x07,0x07,0x07,0x07,0x07,0x07,0x07,0x07,0x07,0x07,0x03,0x03,
0x01,0x00,0x00,0x00,0x00,0x00,0x00,0x00,0x00,0x00,0x00,0x00,0x00,0x00,0x00,0x00

};

/*--调入了一幅图像:宽度×高度=64×64   --*/
char code yi[8][64]={
0x00,0x00,0x00,0x00,0x00,0x00,0x00,0x00,0x00,0x00,0x00,0x00,0x00,0x00,0x00,0x00,
0x00,0x00,0x00,0x00,0x00,0x00,0x00,0x00,0x00,0x00,0x00,0x00,0x00,0x00,0x00,0x00,
0x00,0x00,0x00,0x00,0x00,0x00,0x00,0x00,0x00,0x00,0x00,0x00,0x00,0x00,0x00,0x00,
0x00,0x00,0x00,0x00,0x00,0x00,0x00,0x00,0x00,0x00,0x00,0x00,0x00,0x00,0x00,0x00,
0x00,0x00,0x00,0x00,0x00,0x00,0x00,0x00,0x00,0x00,0x00,0x00,0x00,0x00,0x00,0x00,
0x00,0x00,0x00,0x00,0x00,0x00,0x00,0x00,0x00,0x00,0x00,0x00,0x00,0x00,0x00,0x00,
0x00,0x00,0xC0,0xE0,0xF0,0xF8,0xF8,0xF0,0xE0,0xE0,0x00,0x00,0x00,0x00,0x00,0x00,
0x00,0x00,0x00,0x00,0x00,0x00,0x00,0x00,0x00,0x00,0x00,0x00,0x00,0x00,0x00,0x00,
0x00,0x00,0x00,0x00,0x00,0x00,0x00,0x00,0x00,0x00,0x00,0x00,0x00,0x00,0x00,0x00,
0x00,0x00,0x00,0x00,0x00,0x00,0x00,0x00,0x00,0x00,0x00,0x00,0x00,0x00,0x00,0x00,
0x00,0x00,0xFF,0xFF,0xFF,0xFF,0xFF,0xFF,0xFF,0xFF,0x00,0x00,0x00,0x00,0x00,0x00,
0x00,0x00,0x00,0x00,0x00,0x00,0x00,0x00,0x00,0x00,0x00,0x00,0x00,0x00,0x00,0x00,
0x00,0x00,0x00,0x00,0x00,0x00,0x00,0x00,0x00,0x00,0x00,0x00,0x00,0x00,0x00,0x00,
0x00,0x00,0x00,0x00,0x00,0x00,0x00,0x00,0x00,0x00,0x00,0x00,0x00,0x00,0x00,0x00,
0x00,0x00,0xFF,0xFF,0xFF,0xFF,0xFF,0xFF,0xFF,0xFF,0x00,0x00,0x00,0x00,0x00,0x00,
0x00,0x00,0x00,0x00,0x00,0x00,0x00,0x00,0x00,0x00,0x00,0x00,0x00,0x00,0x00,0x00,
0x00,0x00,0x00,0x00,0x00,0x00,0x00,0x00,0x00,0x00,0x00,0x00,0x00,0x00,0x00,0x00,
```

```
0x00,0x00,0x00,0x00,0x00,0x00,0x00,0x00,0x00,0x00,0x00,0x00,0x00,0x00,0x00,0x00,
0x00,0x00,0xC0,0xE0,0xE1,0xF3,0xF3,0xE1,0xE0,0xC0,0x00,0x00,0x00,0x00,0x00,0x00,
0x00,0x00,0x00,0x00,0x00,0x00,0x00,0x00,0x00,0x00,0x00,0x00,0x00,0x00,0x00,0x00,
0x00,0x00,0x00,0x00,0x00,0x00,0x00,0x00,0x00,0x00,0x00,0x00,0x00,0x00,0x00,0x00,
0x00,0x00,0x00,0x00,0x00,0x00,0x00,0x00,0x00,0x00,0x00,0x00,0x00,0x00,0x00,0x00,
0x00,0x00,0xFF,0xFF,0xFF,0xFF,0xFF,0xFF,0xFF,0xFF,0x00,0x00,0x00,0x00,0x00,0x00,
0x00,0x00,0x00,0x00,0x00,0x00,0x00,0x00,0x00,0x00,0x00,0x00,0x00,0x00,0x00,0x00,
0x00,0x00,0x00,0x00,0x00,0x00,0x00,0x00,0x00,0x00,0x00,0x00,0x00,0x00,0x00,0x00,
0x00,0x00,0x00,0x00,0x00,0x00,0x00,0x00,0x00,0x00,0x00,0x00,0x00,0x00,0x00,0x00,
0x00,0x00,0xFF,0xFF,0xFF,0xFF,0xFF,0xFF,0xFF,0xFF,0x00,0x00,0x00,0x00,0x00,0x00,
0x00,0x00,0x00,0x00,0x00,0x00,0x00,0x00,0x00,0x00,0x00,0x00,0x00,0x00,0x00,0x00,
0x00,0x00,0x00,0x00,0x00,0x00,0x00,0x00,0x00,0x00,0x00,0x00,0x00,0x00,0x00,0x00,
0x00,0x00,0x00,0x00,0x00,0x00,0x00,0x00,0x00,0x00,0x00,0x00,0x00,0x00,0x00,0x00,
0x00,0x00,0x00,0x01,0x03,0x03,0x07,0x03,0x01,0x00,0x00,0x00,0x00,0x00,0x00,0x00,
0x00,0x00,0x00,0x00,0x00,0x00,0x00,0x00,0x00,0x00,0x00,0x00,0x00,0x00,0x00,0x00
};

/*－－调入了一幅图像:宽度×高度＝64×64    －－*/
char code er[8][64]={

0x00,0x00,0x00,0x00,0x00,0x00,0x00,0x00,0x00,0x00,0x00,0x00,0x00,0x00,0xC0,0xE0,
0xE0,0xF0,0xF0,0xF0,0xF0,0xF0,0xF0,0xF0,0xF0,0xF0,0xF0,0xF0,0xF0,0xF0,0xF0,0xF0,
0xF0,0xF0,0xF0,0xF0,0xF0,0xF0,0xF0,0xF0,0xF0,0xF0,0xF0,0xF0,0xF0,0xE0,0xE0,0xC0,
0x40,0x00,0x00,0x00,0x00,0x00,0x00,0x00,0x00,0x00,0x00,0x00,0x00,0x00,0x00,0x00,
0x00,0x00,0x00,0x00,0x00,0x00,0x00,0x00,0x00,0x00,0x00,0x00,0x00,0x00,0x00,0x00,
0x01,0x01,0x01,0x01,0x01,0x01,0x01,0x01,0x01,0x01,0x01,0x01,0x01,0x01,0x01,0x01,
0x01,0x01,0x01,0x01,0x01,0x01,0x01,0x01,0x01,0x01,0x01,0x01,0x01,0x01,0xFC,0xFE,
0xFE,0xFF,0xFF,0xFF,0xFE,0xFE,0xFC,0x00,0x00,0x00,0x00,0x00,0x00,0x00,0x00,0x00,
0x00,0x00,0x00,0x00,0x00,0x00,0x00,0x00,0x00,0x00,0x00,0x00,0x00,0x00,0x00,0x00,
0x00,0x00,0x00,0x00,0x00,0x00,0x00,0x00,0x00,0x00,0x00,0x00,0x00,0x00,0x00,0x00,
0x00,0x00,0x00,0x00,0x00,0x00,0x00,0x00,0x00,0x00,0x00,0x00,0x00,0x00,0xFF,0xFF,
0xFF,0xFF,0xFF,0xFF,0xFF,0xFF,0xFF,0x00,0x00,0x00,0x00,0x00,0x00,0x00,0x00,0x00,
0x00,0x00,0x00,0x00,0x00,0x00,0x00,0x00,0x00,0x00,0x80,0x80,0x00,0x00,0x60,0x60,
0xF0,0xF0,0xF0,0xF0,0xF0,0xF0,0xF0,0xF0,0xF0,0xF0,0xF0,0xF0,0xF0,0xF0,0xF0,0xF0,
0xF0,0xF0,0xF0,0xF0,0xF0,0xF0,0xF0,0xF0,0xF0,0xF0,0xF0,0xF0,0xF0,0xF0,0x77,0x67,
0x0F,0x0F,0x1F,0x0F,0x0F,0x07,0x03,0x00,0x00,0x00,0x00,0x00,0x00,0x00,0x00,0x00,
0x00,0x00,0x00,0x00,0x00,0x00,0x00,0xFE,0xFF,0xFF,0xFF,0xFF,0xFF,0xFF,0xFE,0xFC,
0x00,0x00,0x01,0x01,0x01,0x01,0x01,0x01,0x01,0x01,0x01,0x01,0x01,0x01,0x01,0x01,
0x01,0x01,0x01,0x01,0x01,0x01,0x01,0x01,0x01,0x01,0x01,0x01,0x01,0x00,0x00,0x00,
0x00,0x00,0x00,0x00,0x00,0x00,0x00,0x00,0x00,0x00,0x00,0x00,0x00,0x00,0x00,0x00,
0x00,0x00,0x00,0x00,0x00,0x00,0x00,0xFF,0xFF,0xFF,0xFF,0xFF,0xFF,0xFF,0xFF,0xFF,
0x00,0x00,0x00,0x00,0x00,0x00,0x00,0x00,0x00,0x00,0x00,0x00,0x00,0x00,0x00,0x00,
0x00,0x00,0x00,0x00,0x00,0x00,0x00,0x00,0x00,0x00,0x00,0x00,0x00,0x00,0x00,0x00,
0x00,0x00,0x00,0x00,0x00,0x00,0x00,0x00,0x00,0x00,0x00,0x00,0x00,0x00,0x00,0x00,
```

```
0x00,0x00,0x00,0x00,0x00,0x00,0x00,0x03,0x07,0x07,0x0F,0x0F,0x0F,0x07,0x33,0x73,
0x78,0xF8,0xF8,0xF8,0xF8,0xF8,0xF8,0xF8,0xF8,0xF8,0xF8,0xF8,0xF8,0xF8,0xF8,0xF8,
0xF8,0xF8,0xF8,0xF8,0xF8,0xF8,0xF8,0xF8,0xF8,0xF8,0xF8,0xF8,0xF8,0x78,0x70,0x30,
0x20,0x00,0x00,0x00,0x00,0x00,0x00,0x00,0x00,0x00,0x00,0x00,0x00,0x00,0x00,0x00,
0x00,0x00,0x00,0x00,0x00,0x00,0x00,0x00,0x00,0x00,0x00,0x00,0x00,0x00,0x00,0x00,
0x00,0x00,0x00,0x00,0x00,0x00,0x00,0x00,0x00,0x00,0x00,0x00,0x00,0x00,0x00,0x00,
0x00,0x00,0x00,0x00,0x00,0x00,0x00,0x00,0x00,0x00,0x00,0x00,0x00,0x00,0x00,0x00,
0x00,0x00,0x00,0x00,0x00,0x00,0x00,0x00,0x00,0x00,0x00,0x00,0x00,0x00,0x00,0x00
};

/*--调入了一幅图像:宽度×高度=64×64  --*/
char code san[8][64]={
0x00,0x00,0x00,0x00,0x00,0x00,0x00,0x00,0x00,0x00,0x00,0x00,0x20,0x30,0x70,0xF8,
0xF8,0xF8,0xF8,0xF8,0xF8,0xF8,0xF8,0xF8,0xF8,0xF8,0xF8,0xF8,0xF8,0xF8,0xF8,0xF8,
0xF8,0xF8,0xF8,0xF8,0xF8,0xF8,0xF8,0xF8,0xF8,0xF8,0xF8,0xF8,0xF8,0xF8,0x70,0x30,
0x20,0x80,0x80,0x80,0x00,0x00,0x00,0x00,0x00,0x00,0x00,0x00,0x00,0x00,0x00,0x00,
0x00,0x00,0x00,0x00,0x00,0x00,0x00,0x00,0x00,0x00,0x00,0x00,0x00,0x00,0x00,0x00,
0x00,0x00,0x00,0x00,0x00,0x00,0x00,0x00,0x00,0x00,0x00,0x00,0x00,0x00,0x00,0x00,
0x00,0x00,0x00,0x00,0x00,0x00,0x00,0x00,0x00,0x00,0x00,0x00,0x00,0x00,0xFE,0xFF,
0xFF,0xFF,0xFF,0xFF,0xFF,0xFE,0xFE,0x00,0x00,0x00,0x00,0x00,0x00,0x00,0x00,0x00,
0x00,0x00,0x00,0x00,0x00,0x00,0x00,0x00,0x00,0x00,0x00,0x00,0x00,0x00,0x00,0x00,
0x00,0x00,0x00,0x00,0x00,0x00,0x00,0x00,0x00,0x00,0x00,0x00,0x00,0x00,0x00,0x00,
0x00,0x00,0x00,0x00,0x00,0x00,0x00,0x00,0x00,0x00,0x00,0x00,0x00,0x00,0xFF,0xFF,
0xFF,0xFF,0xFF,0xFF,0xFF,0xFF,0xFF,0x00,0x00,0x00,0x00,0x00,0x00,0x00,0x00,0x00,
0x00,0x00,0x00,0x00,0x00,0x00,0x00,0x00,0x00,0x00,0x00,0x00,0x80,0xC0,0xC0,0xE0,
0xE0,0xE0,0xE0,0xE0,0xE0,0xE0,0xE0,0xE0,0xE0,0xE0,0xE0,0xE0,0xE0,0xE0,0xE0,0xE0,
0xE0,0xE0,0xE0,0xE0,0xE0,0xE0,0xE0,0xE0,0xE0,0xE0,0xE0,0xE0,0xE0,0xE0,0xCF,0x9F,
0x9F,0x3F,0x3F,0x3F,0x1F,0x0F,0x0F,0x00,0x00,0x00,0x00,0x00,0x00,0x00,0x00,0x00,
0x00,0x00,0x00,0x00,0x00,0x00,0x00,0x00,0x00,0x00,0x00,0x00,0x00,0x00,0x01,0x03,
0x03,0x03,0x03,0x03,0x03,0x03,0x03,0x03,0x03,0x03,0x03,0x03,0x03,0x03,0x03,0x03,
0x03,0x03,0x03,0x03,0x03,0x03,0x03,0x03,0x03,0x03,0x03,0x03,0x03,0x03,0xFD,0xFC,
0xFE,0xFF,0xFF,0xFE,0xFE,0xFC,0xF8,0x00,0x00,0x00,0x00,0x00,0x00,0x00,0x00,0x00,
0x00,0x00,0x00,0x00,0x00,0x00,0x00,0x00,0x00,0x00,0x00,0x00,0x00,0x00,0x00,0x00,
0x00,0x00,0x00,0x00,0x00,0x00,0x00,0x00,0x00,0x00,0x00,0x00,0x00,0x00,0x00,0x00,
0x00,0x00,0x00,0x00,0x00,0x00,0x00,0x00,0x00,0x00,0x00,0x00,0x00,0x00,0xFF,0xFF,
0xFF,0xFF,0xFF,0xFF,0xFF,0xFF,0xFF,0x00,0x00,0x00,0x00,0x00,0x00,0x00,0x00,0x00,
0x00,0x00,0x00,0x00,0x00,0x00,0x00,0x00,0x00,0x00,0x00,0x00,0x00,0x00,0x00,0x80,
0x80,0x80,0x80,0x80,0x80,0x80,0x80,0x80,0x80,0x80,0x80,0x80,0x80,0x80,0x80,0x80,
0x80,0x80,0x80,0x80,0x80,0x80,0x80,0x80,0x80,0x80,0x80,0x80,0x80,0x80,0x3F,0x3F,
0x7F,0x7F,0xFF,0x7F,0x7F,0x3F,0x1F,0x00,0x00,0x00,0x00,0x00,0x00,0x00,0x00,0x00,
0x00,0x00,0x00,0x00,0x00,0x00,0x00,0x00,0x00,0x00,0x00,0x00,0x02,0x03,0x07,0x0F,
0x0F,0x0F,0x0F,0x0F,0x0F,0x0F,0x0F,0x0F,0x0F,0x0F,0x0F,0x0F,0x0F,0x0F,0x0F,0x0F,
0x0F,0x0F,0x0F,0x0F,0x0F,0x0F,0x0F,0x0F,0x0F,0x0F,0x0F,0x0F,0x0F,0x0F,0x07,0x02,
0x02,0x00,0x00,0x00,0x00,0x00,0x00,0x00,0x00,0x00,0x00,0x00,0x00,0x00,0x00,0x00
```

```
};

/*－－调入了一幅图像:宽度×高度=64×64　－－*/
char code si[8][64]={
0x00,0x00,0x00,0x00,0x00,0x00,0x00,0x80,0xC0,0xC0,0xC0,0xC0,0x80,0x00,0x00,0x00,
0x00,0x00,0x00,0x00,0x00,0x00,0x00,0x00,0x00,0x00,0x00,0x00,0x00,0x00,0x00,0x00,
0x00,0x00,0x00,0x00,0x00,0x00,0x00,0x00,0x00,0x00,0x00,0x00,0x00,0x00,0x00,0x00,
0x80,0x80,0xC0,0xE0,0xC0,0x80,0x80,0x00,0x00,0x00,0x00,0x00,0x00,0x00,0x00,0x00,
0x00,0x00,0x00,0x00,0x00,0xFF,0xFF,0xFF,0xFF,0xFF,0xFF,0xFF,0xFF,0xFF,0xFE,0x00,
0x00,0x00,0x00,0x00,0x00,0x00,0x00,0x00,0x00,0x00,0x00,0x00,0x00,0x00,0x00,0x00,
0x00,0x00,0x00,0x00,0x00,0x00,0x00,0x00,0x00,0x00,0x00,0x00,0x00,0x00,0x00,0xFF,
0xFF,0xFF,0xFF,0xFF,0xFF,0xFF,0xFF,0xFF,0x00,0x00,0x00,0x00,0x00,0x00,0x00,0x00,
0x00,0x00,0x00,0x00,0x00,0xFF,0xFF,0xFF,0xFF,0xFF,0xFF,0xFF,0xFF,0xFF,0xFF,0x00,
0x00,0x00,0x00,0x00,0x00,0x00,0x00,0x00,0x00,0x00,0x00,0x00,0x00,0x00,0x00,0x00,
0x00,0x00,0x00,0x00,0x00,0x00,0x00,0x00,0x00,0x00,0x00,0x00,0x00,0x00,0x00,0xFF,
0xFF,0xFF,0xFF,0xFF,0xFF,0xFF,0xFF,0xFF,0x00,0x00,0x00,0x00,0x00,0x00,0x00,0x00,
0x00,0x00,0x00,0x00,0x00,0x0F,0x1F,0x3F,0x7F,0x7F,0x7F,0x7F,0x3F,0x9F,0xDF,0xC0,
0xC0,0xC0,0xC0,0xC0,0xC0,0xC0,0xC0,0xC0,0xC0,0xC0,0xC0,0xC0,0xC0,0xC0,0xC0,0xC0,
0xC0,0xC0,0xC0,0xC0,0xC0,0xC0,0xC0,0xC0,0xC0,0xC0,0xC0,0xC0,0xC0,0xC0,0xC0,0x9F,
0xBF,0x3F,0x7F,0xFF,0x7F,0x3F,0x3F,0x1F,0x00,0x00,0x00,0x00,0x00,0x00,0x00,0x00,
0x00,0x00,0x00,0x00,0x00,0x00,0x00,0x00,0x00,0x00,0x00,0x00,0x01,0x03,0x07,0x07,
0x0F,0x0F,0x0F,0x0F,0x0F,0x0F,0x0F,0x0F,0x0F,0x0F,0x0F,0x0F,0x0F,0x0F,0x0F,0x0F,
0x0F,0x0F,0x0F,0x0F,0x0F,0x0F,0x0F,0x0F,0x0F,0x0F,0x0F,0x0F,0x0F,0x0F,0x07,0xF3,
0xFB,0xF9,0xFC,0xFE,0xFC,0xF8,0xF8,0xF0,0x00,0x00,0x00,0x00,0x00,0x00,0x00,0x00,
0x00,0x00,0x00,0x00,0x00,0x00,0x00,0x00,0x00,0x00,0x00,0x00,0x00,0x00,0x00,0x00,
0x00,0x00,0x00,0x00,0x00,0x00,0x00,0x00,0x00,0x00,0x00,0x00,0x00,0x00,0x00,0x00,
0x00,0x00,0x00,0x00,0x00,0x00,0x00,0x00,0x00,0x00,0x00,0x00,0x00,0x00,0x00,0xFF,
0xFF,0xFF,0xFF,0xFF,0xFF,0xFF,0xFF,0xFF,0x00,0x00,0x00,0x00,0x00,0x00,0x00,0x00,
0x00,0x00,0x00,0x00,0x00,0x00,0x00,0x00,0x00,0x00,0x00,0x00,0x00,0x00,0x00,0x00,
0x00,0x00,0x00,0x00,0x00,0x00,0x00,0x00,0x00,0x00,0x00,0x00,0x00,0x00,0x00,0x00,
0x00,0x00,0x00,0x00,0x00,0x00,0x00,0x00,0x00,0x00,0x00,0x00,0x00,0x00,0x00,0xFF,
0xFF,0xFF,0xFF,0xFF,0xFF,0xFF,0xFF,0xFF,0x00,0x00,0x00,0x00,0x00,0x00,0x00,0x00,
0x00,0x00,0x00,0x00,0x00,0x00,0x00,0x00,0x00,0x00,0x00,0x00,0x00,0x00,0x00,0x00,
0x00,0x00,0x00,0x00,0x00,0x00,0x00,0x00,0x00,0x00,0x00,0x00,0x00,0x00,0x00,0x00,
0x00,0x00,0x00,0x00,0x00,0x00,0x00,0x00,0x00,0x00,0x00,0x00,0x00,0x00,0x00,0x01,
0x03,0x03,0x07,0x0F,0x07,0x03,0x03,0x01,0x00,0x00,0x00,0x00,0x00,0x00,0x00,0x00
};

/*－－调入了一幅图像:宽度×高度=64×64　－－*/
char codewu[8][64]={
0x00,0x00,0x00,0x00,0x00,0x00,0x00,0x00,0x00,0x00,0x00,0x00,0x80,0x80,0x80,0x60,
0xE0,0xF0,0xF8,0xF8,0xF8,0xF8,0xF8,0xF8,0xF8,0xF8,0xF8,0xF8,0xF8,0xF8,0xF8,0xF8,
0xF8,0xF8,0xF8,0xF8,0xF8,0xF8,0xF8,0xF8,0xF8,0xF8,0xF8,0xF8,0xF8,0xF8,0xF8,0xF0,
0xE0,0x60,0x00,0x00,0x00,0x00,0x00,0x00,0x00,0x00,0x00,0x00,0x00,0x00,0x00,0x00,
```

```
0x00,0x00,0x00,0x00,0x00,0x00,0x00,0x00,0x00,0xFE,0xFE,0xFF,0xFF,0xFF,0xFF,0xFF,
0xFE,0xFC,0x01,0x03,0x03,0x03,0x03,0x03,0x03,0x03,0x03,0x03,0x03,0x03,0x03,0x03,
0x03,0x03,0x03,0x03,0x03,0x03,0x03,0x03,0x03,0x03,0x03,0x03,0x03,0x03,0x01,0x00,
0x00,0x00,0x00,0x00,0x00,0x00,0x00,0x00,0x00,0x00,0x00,0x00,0x00,0x00,0x00,0x00,
0x00,0x00,0x00,0x00,0x00,0x00,0x00,0x00,0x00,0xFF,0xFF,0xFF,0xFF,0xFF,0xFF,0xFF,
0xFF,0xFF,0x00,0x00,0x00,0x00,0x00,0x00,0x00,0x00,0x00,0x00,0x00,0x00,0x00,0x00,
0x00,0x00,0x00,0x00,0x00,0x00,0x00,0x00,0x00,0x00,0x00,0x00,0x00,0x00,0x00,0x00,
0x00,0x00,0x00,0x00,0x00,0x00,0x00,0x00,0x00,0x00,0x00,0x00,0x00,0x00,0x00,0x00,
0x00,0x00,0x00,0x00,0x00,0x00,0x00,0x00,0x00,0x1F,0x3F,0x7F,0x7F,0xFF,0x7F,0xFF,
0xFF,0xDF,0xE0,0xE0,0xE0,0xE0,0xE0,0xE0,0xE0,0xE0,0xE0,0xE0,0xE0,0xE0,0xE0,0xE0,
0xE0,0xE0,0xE0,0xE0,0xE0,0xE0,0xE0,0xE0,0xE0,0xE0,0xE0,0xE0,0xE0,0xE0,0xC0,0xC0,
0x80,0x00,0x00,0x00,0x00,0x00,0x00,0x00,0x00,0x00,0x00,0x00,0x00,0x00,0x00,0x00,
0x00,0x00,0x00,0x00,0x00,0x00,0x00,0x00,0x00,0x00,0x00,0x00,0x00,0x00,0x00,0x01,
0x03,0x03,0x07,0x07,0x07,0x07,0x07,0x07,0x07,0x07,0x07,0x07,0x07,0x07,0x07,0x07,
0x07,0x07,0x07,0x07,0x07,0x07,0x07,0x07,0x07,0x07,0x07,0x07,0x07,0x07,0xFF,0xFB,
0xFD,0xFF,0xFE,0xFE,0xFC,0xF8,0xF8,0x00,0x00,0x00,0x00,0x00,0x00,0x00,0x00,0x00,
0x00,0x00,0x00,0x00,0x00,0x00,0x00,0x00,0x00,0x00,0x00,0x00,0x00,0x00,0x00,0x00,
0x00,0x00,0x00,0x00,0x00,0x00,0x00,0x00,0x00,0x00,0x00,0x00,0x00,0x00,0x00,0x00,
0x00,0x00,0x00,0x00,0x00,0x00,0x00,0x00,0x00,0x00,0x00,0x00,0x00,0x00,0xFF,0xFF,
0xFF,0xFF,0xFF,0xFF,0xFF,0xFF,0xFF,0x00,0x00,0x00,0x00,0x00,0x00,0x00,0x00,0x00,
0x00,0x00,0x00,0x00,0x00,0x00,0x00,0x00,0x00,0x00,0x00,0x00,0x00,0x00,0x00,0x00,
0x00,0x00,0x80,0x80,0x80,0x80,0x80,0x80,0x80,0x80,0x80,0x80,0x80,0x80,0x80,0x80,
0x80,0x80,0x80,0x80,0x80,0x80,0x80,0x80,0x80,0x80,0x80,0x80,0x80,0x80,0x7F,0xFF,
0xFF,0xFF,0xFF,0xFF,0xFF,0xFF,0x7F,0x00,0x00,0x00,0x00,0x00,0x00,0x00,0x00,0x00,
0x00,0x00,0x00,0x00,0x00,0x00,0x00,0x00,0x00,0x00,0x00,0x00,0x00,0x00,0x00,0x06,
0x0F,0x1F,0x1F,0x3F,0x3F,0x3F,0x3F,0x3F,0x3F,0x3F,0x3F,0x3F,0x3F,0x3F,0x3F,0x3F,
0x3F,0x3F,0x3F,0x3F,0x3F,0x3F,0x3F,0x3F,0x3F,0x3F,0x3F,0x3F,0x3F,0x3F,0x1F,0x0E,
0x0F,0x05,0x03,0x01,0x01,0x00,0x00,0x00,0x00,0x00,0x00,0x00,0x00,0x00,0x00,0x00
};

/* - - 调入了一幅图像:宽度×高度=64×64  - - */
char code liu[8][64]={
0x00,0x00,0x00,0x00,0x00,0x00,0x00,0x00,0x00,0x00,0x00,0x00,0x40,0x40,0xE0,0xF0,
0xF0,0xF0,0xF0,0xF0,0xF0,0xF0,0xF0,0xF0,0xF0,0xF0,0xF0,0xF0,0xF0,0xF0,0xF0,0xF0,
0xF0,0xF0,0xF0,0xF0,0xF0,0xF0,0xF0,0xF0,0xF0,0xF0,0xF0,0xF0,0xF0,0xF0,0xF0,0xE0,
0x40,0x40,0x00,0x00,0x00,0x00,0x00,0x00,0x00,0x00,0x00,0x00,0x00,0x00,0x00,0x00,
0x00,0x00,0x00,0x00,0x00,0x00,0xFC,0xFC,0xFE,0xFF,0xFF,0xFF,0xFE,0xFE,0xFC,0xF8,
0x01,0x01,0x01,0x01,0x01,0x01,0x01,0x01,0x01,0x01,0x01,0x01,0x01,0x01,0x01,0x01,
0x01,0x01,0x01,0x01,0x01,0x01,0x01,0x01,0x01,0x01,0x01,0x01,0x01,0x01,0x01,0x00,
0x00,0x00,0x00,0x00,0x00,0x00,0x00,0x00,0x00,0x00,0x00,0x00,0x00,0x00,0x00,0x00,
0x00,0x00,0x00,0x00,0x00,0x00,0xFF,0xFF,0xFF,0xFF,0xFF,0xFF,0xFF,0xFF,0xFF,0xFF,
0x00,0x00,0x00,0x00,0x00,0x00,0x00,0x00,0x00,0x00,0x00,0x00,0x00,0x00,0x00,0x00,
0x00,0x00,0x00,0x00,0x00,0x00,0x00,0x00,0x00,0x00,0x00,0x00,0x00,0x00,0x00,0x00,
0x00,0x00,0x00,0x00,0x00,0x00,0x00,0x00,0x00,0x00,0x00,0x00,0x00,0x00,0x00,0x00,
```

```
0x00,0x00,0x00,0x00,0x00,0x00,0x1F,0x1F,0x3F,0x3F,0x7F,0x7F,0x3F,0xBF,0x9F,0xCF,
0xE0,0xE0,0xE0,0xE0,0xE0,0xE0,0xE0,0xE0,0xE0,0xE0,0xE0,0xE0,0xE0,0xE0,0xE0,0xE0,
0xE0,0xE0,0xE0,0xE0,0xE0,0xE0,0xE0,0xE0,0xE0,0xE0,0xE0,0xE0,0xE0,0xE0,0xC0,0x80,
0x80,0x00,0x00,0x00,0x00,0x00,0x00,0x00,0x00,0x00,0x00,0x00,0x00,0x00,0x00,0x00,
0x00,0x00,0x00,0x00,0x00,0x00,0xF0,0xF8,0xFC,0xFC,0xFE,0xFE,0xFC,0xF9,0xF9,0xF3,
0x07,0x07,0x07,0x07,0x07,0x07,0x07,0x07,0x07,0x07,0x07,0x07,0x07,0x07,0x07,0x07,
0x07,0x07,0x07,0x07,0x07,0x07,0x07,0x07,0x07,0x07,0x07,0x07,0x07,0x07,0x03,0xF3,
0xF9,0xFC,0xFC,0xFE,0xFE,0xFC,0xF8,0xF8,0x00,0x00,0x00,0x00,0x00,0x00,0x00,0x00,
0x00,0x00,0x00,0x00,0x00,0x00,0xFF,0xFF,0xFF,0xFF,0xFF,0xFF,0xFF,0xFF,0xFF,0xFF,
0x00,0x00,0x00,0x00,0x00,0x00,0x00,0x00,0x00,0x00,0x00,0x00,0x00,0x00,0x00,0x00,
0x00,0x00,0x00,0x00,0x00,0x00,0x00,0x00,0x00,0x00,0x00,0x00,0x00,0x00,0x00,0xFF,
0xFF,0xFF,0xFF,0xFF,0xFF,0xFF,0xFF,0xFF,0x00,0x00,0x00,0x00,0x00,0x00,0x00,0x00,
0x00,0x00,0x00,0x00,0x00,0x00,0x3F,0x3F,0x7F,0xFF,0xFF,0xFF,0x7F,0x7F,0x3F,0x1F,
0x80,0x80,0x80,0x80,0x80,0x80,0x80,0x80,0x80,0x80,0x80,0x80,0x80,0x80,0x80,0x80,
0x80,0x80,0x80,0x80,0x80,0x80,0x80,0x80,0x80,0x80,0x80,0x80,0x80,0x80,0x00,0x3F,
0x7F,0x7F,0xFF,0xFF,0xFF,0x7F,0x7F,0x3F,0x00,0x00,0x00,0x00,0x00,0x00,0x00,0x00,
0x00,0x00,0x00,0x00,0x00,0x00,0x00,0x00,0x00,0x00,0x00,0x00,0x02,0x06,0x07,0x0F,
0x0F,0x1F,0x1F,0x1F,0x1F,0x1F,0x1F,0x1F,0x1F,0x1F,0x1F,0x1F,0x1F,0x1F,0x1F,0x1F,
0x1F,0x1F,0x1F,0x1F,0x1F,0x1F,0x1F,0x1F,0x1F,0x1F,0x1F,0x1F,0x1F,0x0F,0x0F,0x07,
0x02,0x02,0x00,0x00,0x00,0x00,0x00,0x00,0x00,0x00,0x00,0x00,0x00,0x00,0x00,0x00
};

/* --调入了一幅图像:宽度×高度=64×64  --*/
char code qi[8][64]={
0x00,0x00,0x00,0x00,0x00,0x00,0x00,0x00,0x00,0x00,0x20,0x60,0xF0,0xF0,0xF8,0xF8,
0xF8,0xF8,0xF8,0xF8,0xF8,0xF8,0xF8,0xF8,0xF8,0xF8,0xF8,0xF8,0xF8,0xF8,0xF8,0xF8,
0xF8,0xF8,0xF8,0xF8,0xF8,0xF8,0xF8,0xF8,0xF8,0xF8,0xF8,0xF8,0xF8,0xF8,0xF8,0xF8,
0x78,0x70,0x20,0x00,0x80,0x80,0x00,0x00,0x00,0x00,0x00,0x00,0x00,0x00,0x00,0x00,
0x00,0x00,0x00,0x00,0x00,0x00,0x00,0x00,0x00,0x00,0x00,0x00,0x00,0x00,0x01,0x01,
0x01,0x01,0x01,0x01,0x01,0x01,0x01,0x01,0x01,0x01,0x01,0x01,0x01,0x01,0x01,0x01,
0x01,0x01,0x01,0x01,0x01,0x01,0x01,0x01,0x01,0x01,0x01,0x01,0x01,0x01,0x01,0x00,
0xFC,0xFE,0xFF,0xFF,0xFF,0xFF,0xFF,0xFE,0xFE,0xFC,0x00,0x00,0x00,0x00,0x00,0x00,
0x00,0x00,0x00,0x00,0x00,0x00,0x00,0x00,0x00,0x00,0x00,0x00,0x00,0x00,0x00,0x00,
0x00,0x00,0x00,0x00,0x00,0x00,0x00,0x00,0x00,0x00,0x00,0x00,0x00,0x00,0x00,0x00,
0x00,0x00,0x00,0x00,0x00,0x00,0x00,0x00,0x00,0x00,0x00,0x00,0x00,0x00,0x00,0x00,
0xFF,0xFF,0xFF,0xFF,0xFF,0xFF,0xFF,0xFF,0xFF,0xFF,0x00,0x00,0x00,0x00,0x00,0x00,
0x00,0x00,0x00,0x00,0x00,0x00,0x00,0x00,0x00,0x00,0x00,0x00,0x00,0x00,0x00,0x00,
0x00,0x00,0x00,0x00,0x00,0x00,0x00,0x00,0x00,0x00,0x00,0x00,0x00,0x00,0x00,0x00,
0x00,0x00,0x00,0x00,0x00,0x00,0x00,0x00,0x00,0x00,0x00,0x00,0x00,0x00,0x00,0x00,
0x1F,0x3F,0x3F,0x7F,0xFF,0xFF,0x7F,0x3F,0x3F,0x1F,0x00,0x00,0x00,0x00,0x00,0x00,
0x00,0x00,0x00,0x00,0x00,0x00,0x00,0x00,0x00,0x00,0x00,0x00,0x00,0x00,0x00,0x00,
0x00,0x00,0x00,0x00,0x00,0x00,0x00,0x00,0x00,0x00,0x00,0x00,0x00,0x00,0x00,0x00,
0x00,0x00,0x00,0x00,0x00,0x00,0x00,0x00,0x00,0x00,0x00,0x00,0x00,0x00,0x00,0x00,
0xF0,0xF8,0xF8,0xFC,0xFC,0xFC,0xFC,0xF8,0xF0,0xF0,0x00,0x00,0x00,0x00,0x00,0x00,
```

```
0x00,0x00,0x00,0x00,0x00,0x00,0x00,0x00,0x00,0x00,0x00,0x00,0x00,0x00,0x00,0x00,
0x00,0x00,0x00,0x00,0x00,0x00,0x00,0x00,0x00,0x00,0x00,0x00,0x00,0x00,0x00,0x00,
0x00,0x00,0x00,0x00,0x00,0x00,0x00,0x00,0x00,0x00,0x00,0x00,0x00,0x00,0x00,0x00,
0xFF,0xFF,0xFF,0xFF,0xFF,0xFF,0xFF,0xFF,0xFF,0xFF,0x00,0x00,0x00,0x00,0x00,0x00,
0x00,0x00,0x00,0x00,0x00,0x00,0x00,0x00,0x00,0x00,0x00,0x00,0x00,0x00,0x00,0x00,
0x00,0x00,0x00,0x00,0x00,0x00,0x00,0x00,0x00,0x00,0x00,0x00,0x00,0x00,0x00,0x00,
0x00,0x00,0x00,0x00,0x00,0x00,0x00,0x00,0x00,0x00,0x00,0x00,0x00,0x00,0x00,0x00,
0xFF,0xFF,0xFF,0xFF,0xFF,0xFF,0xFF,0xFF,0xFF,0x7F,0x00,0x00,0x00,0x00,0x00,0x00,
0x00,0x00,0x00,0x00,0x00,0x00,0x00,0x00,0x00,0x00,0x00,0x00,0x00,0x00,0x00,0x00,
0x00,0x00,0x00,0x00,0x00,0x00,0x00,0x00,0x00,0x00,0x00,0x00,0x00,0x00,0x00,0x00,
0x00,0x00,0x00,0x00,0x00,0x00,0x00,0x00,0x00,0x00,0x00,0x00,0x00,0x00,0x00,0x00,
0x00,0x00,0x01,0x03,0x03,0x03,0x01,0x01,0x00,0x00,0x00,0x00,0x00,0x00,0x00,0x00
};

/*--调入了一幅图像:宽度×高度=64×64  --*/
char code ba[8][64]={
0x00,0x00,0x00,0x00,0x00,0x00,0x00,0x00,0x00,0x00,0x00,0x00,0x00,0x40,0x60,0xE0,
0xF0,0xF8,0xF8,0xF0,0xF0,0xF0,0xF0,0xF0,0xF0,0xF0,0xF0,0xF0,0xF0,0xF0,0xF0,0xF0,
0xF0,0xF0,0xF0,0xF0,0xF0,0xF0,0xF0,0xF0,0xF0,0xF0,0xF0,0xF0,0xF0,0xF0,0xF8,0xF0,
0xF0,0xE0,0x60,0x40,0x00,0x00,0x00,0x00,0x00,0x00,0x00,0x00,0x00,0x00,0x00,0x00,
0x00,0x00,0x00,0x00,0x00,0x00,0xFC,0xFE,0xFE,0xFF,0xFF,0xFF,0xFF,0xFE,0xFC,0xFC,
0x00,0x01,0x01,0x01,0x01,0x01,0x01,0x01,0x01,0x01,0x01,0x01,0x01,0x01,0x01,0x01,
0x01,0x01,0x01,0x01,0x01,0x01,0x01,0x01,0x01,0x01,0x01,0x01,0x01,0x01,0x01,0x01,
0x00,0xFC,0xFE,0xFF,0xFF,0xFF,0xFF,0xFE,0xFC,0xFC,0x00,0x00,0x00,0x00,0x00,0x00,
0x00,0x00,0x00,0x00,0x00,0x00,0xFF,0xFF,0xFF,0xFF,0xFF,0xFF,0xFF,0xFF,0xFF,0xFF,
0x00,0x00,0x00,0x00,0x00,0x00,0x00,0x00,0x00,0x00,0x00,0x00,0x00,0x00,0x00,0x00,
0x00,0x00,0x00,0x00,0x00,0x00,0x00,0x00,0x00,0x00,0x00,0x00,0x00,0x00,0x00,0x00,
0x00,0xFF,0xFF,0xFF,0xFF,0xFF,0xFF,0xFF,0xFF,0xFF,0x00,0x00,0x00,0x00,0x00,0x00,
0x00,0x00,0x00,0x00,0x00,0x00,0x1F,0x1F,0x3F,0x7F,0x7F,0x7F,0x3F,0x3F,0x9F,0x9F,
0xC0,0xE0,0xC0,0xC0,0xC0,0xC0,0xC0,0xC0,0xC0,0xC0,0xC0,0xC0,0xC0,0xC0,0xC0,0xC0,
0xC0,0xC0,0xC0,0xC0,0xC0,0xC0,0xC0,0xC0,0xC0,0xC0,0xC0,0xC0,0xC0,0xC0,0xE0,0xC0,
0xC0,0x9F,0xBF,0x3F,0x7F,0x7F,0x7F,0x3F,0x1F,0x1F,0x00,0x00,0x00,0x00,0x00,0x00,
0x00,0x00,0x00,0x00,0x00,0x00,0xF0,0xF8,0xFC,0xFC,0xFE,0xFE,0xFC,0xF9,0xF9,0xF3,
0x03,0x07,0x07,0x07,0x07,0x07,0x07,0x07,0x07,0x07,0x07,0x07,0x07,0x07,0x07,0x07,
0x07,0x07,0x07,0x07,0x07,0x07,0x07,0x07,0x07,0x07,0x07,0x07,0x07,0x07,0x07,0x07,
0x03,0xFB,0xF9,0xFD,0xFE,0xFE,0xFC,0xFC,0xF8,0xF0,0x00,0x00,0x00,0x00,0x00,0x00,
0x00,0x00,0x00,0x00,0x00,0x00,0xFF,0xFF,0xFF,0xFF,0xFF,0xFF,0xFF,0xFF,0xFF,0xFF,
0x00,0x00,0x00,0x00,0x00,0x00,0x00,0x00,0x00,0x00,0x00,0x00,0x00,0x00,0x00,0x00,
0x00,0x00,0x00,0x00,0x00,0x00,0x00,0x00,0x00,0x00,0x00,0x00,0x00,0x00,0x00,0x00,
0x00,0xFF,0xFF,0xFF,0xFF,0xFF,0xFF,0xFF,0xFF,0xFF,0x00,0x00,0x00,0x00,0x00,0x00,
0x00,0x00,0x00,0x00,0x00,0x00,0x3F,0x7F,0xFF,0xFF,0xFF,0xFF,0xFF,0x7F,0x7F,0x3F,
0x00,0x00,0x80,0x80,0x80,0x80,0x80,0x80,0x80,0x80,0x80,0x80,0x80,0x80,0x80,0x80,
0x80,0x80,0x80,0x80,0x80,0x80,0x80,0x80,0x80,0x80,0x80,0x80,0x80,0x80,0x80,0x80,
0x00,0x7F,0x7F,0xFF,0xFF,0xFF,0xFF,0xFF,0x7F,0x3F,0x00,0x00,0x00,0x00,0x00,0x00,
```

```
0x00,0x00,0x00,0x00,0x00,0x00,0x00,0x00,0x00,0x00,0x01,0x01,0x00,0x00,0x06,0x06,
0x0F,0x1F,0x1F,0x1F,0x1F,0x1F,0x1F,0x1F,0x1F,0x1F,0x1F,0x1F,0x1F,0x1F,0x1F,0x1F,
0x1F,0x1F,0x1F,0x1F,0x1F,0x1F,0x1F,0x1F,0x1F,0x1F,0x1F,0x1F,0x1F,0x1F,0x1F,0x1F,
0x1F,0x0F,0x06,0x04,0x01,0x01,0x00,0x00,0x00,0x00,0x00,0x00,0x00,0x00,0x00,0x00
};

/*--调入了一幅图像:宽度×高度=64×64 --*/
char code jiu[8][64]={
0x00,0x00,0x00,0x00,0x00,0x00,0x00,0x00,0x00,0x00,0x00,0x00,0x00,0xC0,0xE0,0xE0,
0xF0,0xF0,0xF0,0xF0,0xF0,0xF0,0xF0,0xF0,0xF0,0xF0,0xF0,0xF0,0xF0,0xF0,0xF0,0xF0,
0xF0,0xF0,0xF0,0xF0,0xF0,0xF0,0xF0,0xF0,0xF0,0xF0,0xF0,0xF0,0xF0,0xF0,0xE0,0xE0,
0xC0,0x40,0x00,0x00,0x00,0x00,0x00,0x00,0x00,0x00,0x00,0x00,0x00,0x00,0x00,0x00,
0x00,0x00,0x00,0x00,0x00,0x00,0xFC,0xFC,0xFE,0xFE,0xFF,0xFE,0xFE,0xFC,0xF8,0x01,
0x01,0x03,0x03,0x03,0x03,0x03,0x03,0x03,0x03,0x03,0x03,0x03,0x03,0x03,0x03,0x03,
0x03,0x03,0x03,0x03,0x03,0x03,0x03,0x03,0x03,0x03,0x03,0x03,0x03,0x03,0x01,0xF9,
0xFC,0xFE,0xFE,0xFF,0xFF,0xFE,0xFC,0xFC,0xF8,0x00,0x00,0x00,0x00,0x00,0x00,0x00,
0x00,0x00,0x00,0x00,0x00,0x00,0xFF,0xFF,0xFF,0xFF,0xFF,0xFF,0xFF,0xFF,0xFF,0x00,
0x00,0x00,0x00,0x00,0x00,0x00,0x00,0x00,0x00,0x00,0x00,0x00,0x00,0x00,0x00,0x00,
0x00,0x00,0x00,0x00,0x00,0x00,0x00,0x00,0x00,0x00,0x00,0x00,0x00,0x00,0x00,0xFF,
0xFF,0xFF,0xFF,0xFF,0xFF,0xFF,0xFF,0xFF,0xFF,0x00,0x00,0x00,0x00,0x00,0x00,0x00,
0x00,0x00,0x00,0x00,0x00,0x00,0x1F,0x3F,0x3F,0x7F,0x7F,0x7F,0x3F,0xBF,0x9F,0xC0,
0xC0,0xC0,0xC0,0xC0,0xC0,0xC0,0xC0,0xC0,0xC0,0xC0,0xC0,0xC0,0xC0,0xC0,0xC0,0xC0,
0xC0,0xC0,0xC0,0xC0,0xC0,0xC0,0xC0,0xC0,0xC0,0xC0,0xC0,0xC0,0xC0,0xC0,0xC0,0x9F,
0x9F,0x3F,0x7F,0x7F,0x7F,0x3F,0x3F,0x1F,0x1F,0x00,0x00,0x00,0x00,0x00,0x00,0x00,
0x00,0x00,0x00,0x00,0x00,0x00,0x00,0x00,0x00,0x00,0x00,0x00,0x01,0x01,0x03,0x03,
0x07,0x07,0x07,0x07,0x07,0x07,0x07,0x07,0x07,0x07,0x07,0x07,0x07,0x07,0x07,0x07,
0x07,0x07,0x07,0x07,0x07,0x07,0x07,0x07,0x07,0x07,0x07,0x07,0x07,0x07,0x07,0xF3,
0xF9,0xFD,0xFC,0xFE,0xFE,0xFC,0xF8,0xF8,0xF0,0x00,0x00,0x00,0x00,0x00,0x00,0x00,
0x00,0x00,0x00,0x00,0x00,0x00,0x00,0x00,0x00,0x00,0x00,0x00,0x00,0x00,0x00,0x00,
0x00,0x00,0x00,0x00,0x00,0x00,0x00,0x00,0x00,0x00,0x00,0x00,0x00,0x00,0x00,0x00,
0x00,0x00,0x00,0x00,0x00,0x00,0x00,0x00,0x00,0x00,0x00,0x00,0x00,0x00,0x00,0xFF,
0xFF,0xFF,0xFF,0xFF,0xFF,0xFF,0xFF,0xFF,0xFF,0x00,0x00,0x00,0x00,0x00,0x00,0x00,
0x00,0x00,0x00,0x00,0x00,0x00,0x00,0x00,0x00,0x00,0x00,0x00,0x00,0x00,0x00,0x00,
0x80,0x80,0x80,0x80,0x80,0x80,0x80,0x80,0x80,0x80,0x80,0x80,0x80,0x80,0x80,0x80,
0x80,0x80,0x80,0x80,0x80,0x80,0x80,0x80,0x80,0x80,0x80,0x80,0x80,0x80,0x80,0xBF,
0x3F,0x7F,0xFF,0xFF,0xFF,0x7F,0x7F,0x3F,0x1F,0x00,0x00,0x00,0x00,0x00,0x00,0x00,
0x00,0x00,0x00,0x00,0x00,0x00,0x00,0x00,0x00,0x00,0x00,0x00,0x00,0x02,0x07,0x07,
0x0F,0x0F,0x0F,0x0F,0x0F,0x0F,0x0F,0x0F,0x0F,0x0F,0x0F,0x0F,0x0F,0x0F,0x0F,0x0F,
0x0F,0x0F,0x0F,0x0F,0x0F,0x0F,0x0F,0x0F,0x0F,0x0F,0x0F,0x0F,0x0F,0x0F,0x0F,0x0F,
0x07,0x02,0x02,0x00,0x00,0x00,0x00,0x00,0x00,0x00,0x00,0x00,0x00,0x00,0x00,0x00
};

/*--调入了一幅图像:宽度×高度=64×64 --*/
char code shang[8][64]={
```

```
0x00,0x00,0x00,0x00,0x00,0x00,0x00,0x00,0x00,0x00,0x00,0x00,0x00,0x00,0x00,0x00,
0x00,0x00,0x00,0x00,0x00,0x00,0x00,0x00,0x00,0x80,0xC0,0xE0,0xF0,0xF8,0x7C,0x3E,
0x3E,0x7C,0xF8,0xF0,0xE0,0xC0,0x80,0x00,0x00,0x00,0x00,0x00,0x00,0x00,0x00,0x00,
0x00,0x00,0x00,0x00,0x00,0x00,0x00,0x00,0x00,0x00,0x00,0x00,0x00,0x00,0x00,0x00,
0x00,0x00,0x00,0x00,0x00,0x00,0x00,0x00,0x00,0x00,0x00,0x00,0x00,0x00,0x00,0x00,
0x00,0x00,0x80,0xC0,0xE0,0xF0,0xF8,0x7C,0x1E,0x0F,0x07,0x03,0x01,0x00,0x00,0x00,
0x00,0x00,0x00,0x01,0x03,0x07,0x0F,0x1E,0x7C,0xF8,0xF0,0xE0,0xC0,0x80,0x00,0x00,
0x00,0x00,0x00,0x00,0x00,0x00,0x00,0x00,0x00,0x00,0x00,0x00,0x00,0x00,0x00,0x00,
0x00,0x00,0x00,0x00,0x00,0x00,0x00,0x00,0x00,0x00,0x00,0x80,0xC0,0xE0,0xF0,0x78,
0x3C,0x1E,0x0F,0x07,0x03,0x01,0x00,0x00,0x00,0x00,0x00,0x00,0x00,0x00,0x00,0x00,
0x00,0x00,0x00,0x00,0x00,0x00,0x00,0x00,0x00,0x00,0x01,0x03,0x07,0x0F,0x1E,0x3C,
0x78,0xF0,0xE0,0xC0,0x80,0x00,0x00,0x00,0x00,0x00,0x00,0x00,0x00,0x00,0x00,0x00,
0x00,0x00,0x00,0x00,0x80,0xC0,0xE0,0xF0,0x78,0x3C,0x1F,0x0F,0x03,0x01,0x00,0x00,
0x00,0x00,0x00,0x00,0x00,0x00,0x00,0x00,0x00,0x00,0x00,0x00,0x00,0x00,0x00,0x00,
0x00,0x00,0x00,0x00,0x00,0x00,0x00,0x00,0x00,0x00,0x00,0x00,0x00,0x00,0x00,0x00,
0x00,0x00,0x01,0x03,0x0F,0x1F,0x3C,0x78,0xF0,0xE0,0xC0,0x80,0x00,0x00,0x00,0x00,
0x00,0x08,0x0C,0x0F,0x0F,0x0F,0x0F,0x0E,0x0E,0x0E,0x0E,0x0E,0x0E,0x0E,0x0E,0x0E,
0xFE,0xFE,0xFE,0x00,0x00,0x00,0x00,0x00,0x00,0x00,0x00,0x00,0x00,0x00,0x00,0x00,
0x00,0x00,0x00,0x00,0x00,0x00,0x00,0x00,0x00,0x00,0x00,0x00,0x00,0xFE,0xFE,0xFE,
0x0E,0x0E,0x0E,0x0E,0x0E,0x0E,0x0E,0x0E,0x0E,0x0F,0x0F,0x0F,0x0F,0x0E,0x08,0x00,
0x00,0x00,0x00,0x00,0x00,0x00,0x00,0x00,0x00,0x00,0x00,0x00,0x00,0x00,0x00,0x00,
0xFF,0xFF,0xFF,0x00,0x00,0x00,0x00,0x00,0x00,0x00,0x00,0x00,0x00,0x00,0x00,0x00,
0x00,0x00,0x00,0x00,0x00,0x00,0x00,0x00,0x00,0x00,0x00,0x00,0x00,0xFF,0xFF,0xFF,
0x00,0x00,0x00,0x00,0x00,0x00,0x00,0x00,0x00,0x00,0x00,0x00,0x00,0x00,0x00,0x00,
0x00,0x00,0x00,0x00,0x00,0x00,0x00,0x00,0x00,0x00,0x00,0x00,0x00,0x00,0x00,0x00,
0xFF,0xFF,0xFF,0x00,0x00,0x00,0x00,0x00,0x00,0x00,0x00,0x00,0x00,0x00,0x00,0x00,
0x00,0x00,0x00,0x00,0x00,0x00,0x00,0x00,0x00,0x00,0x00,0x00,0x00,0xFF,0xFF,0xFF,
0x00,0x00,0x00,0x00,0x00,0x00,0x00,0x00,0x00,0x00,0x00,0x00,0x00,0x00,0x00,0x00,
0x00,0x00,0x00,0x00,0x00,0x00,0x00,0x00,0x00,0x00,0x00,0x00,0x00,0x00,0x00,0x00,
0xFF,0xFF,0xFF,0xF0,0xF0,0xF0,0xF0,0xF0,0xF0,0xF0,0xF0,0xF0,0xF0,0xF0,0xF0,0xF0,
0xF0,0xF0,0xF0,0xF0,0xF0,0xF0,0xF0,0xF0,0xF0,0xF0,0xF0,0xF0,0xF0,0xFF,0xFF,0xFF,
0x00,0x00,0x00,0x00,0x00,0x00,0x00,0x00,0x00,0x00,0x00,0x00,0x00,0x00,0x00,0x00

};

/*－－调入了一幅图像:宽度×高度＝64×64　－－*/
char code xia[8][64]={
0x00,0x00,0x00,0x00,0x00,0x00,0x00,0x00,0x00,0x00,0x00,0x00,0x00,0x00,0x00,0x00,
0xFF,0xFF,0xFF,0x0F,0x0F,0x0F,0x0F,0x0F,0x0F,0x0F,0x0F,0x0F,0x0F,0x0F,0x0F,0x0F,
0x0F,0x0F,0x0F,0x0F,0x0F,0x0F,0x0F,0x0F,0x0F,0x0F,0x0F,0x0F,0x0F,0xFF,0xFF,0xFF,
0x00,0x00,0x00,0x00,0x00,0x00,0x00,0x00,0x00,0x00,0x00,0x00,0x00,0x00,0x00,0x00,
0x00,0x00,0x00,0x00,0x00,0x00,0x00,0x00,0x00,0x00,0x00,0x00,0x00,0x00,0x00,0x00,
0xFF,0xFF,0xFF,0x00,0x00,0x00,0x00,0x00,0x00,0x00,0x00,0x00,0x00,0x00,0x00,0x00,
0x00,0x00,0x00,0x00,0x00,0x00,0x00,0x00,0x00,0x00,0x00,0x00,0x00,0xFF,0xFF,0xFF,
```

```
0x00,0x00,0x00,0x00,0x00,0x00,0x00,0x00,0x00,0x00,0x00,0x00,0x00,0x00,0x00,0x00,
0x00,0x00,0x00,0x00,0x00,0x00,0x00,0x00,0x00,0x00,0x00,0x00,0x00,0x00,0x00,0x00,
0xFF,0xFF,0xFF,0x00,0x00,0x00,0x00,0x00,0x00,0x00,0x00,0x00,0x00,0x00,0x00,0x00,
0x00,0x00,0x00,0x00,0x00,0x00,0x00,0x00,0x00,0x00,0x00,0x00,0x00,0xFF,0xFF,0xFF,
0x00,0x00,0x00,0x00,0x00,0x00,0x00,0x00,0x00,0x00,0x00,0x00,0x00,0x00,0x00,0x00,
0x00,0x10,0x30,0xF0,0xF0,0xF0,0xF0,0x70,0x70,0x70,0x70,0x70,0x70,0x70,0x70,0x70,
0x7F,0x7F,0x7F,0x00,0x00,0x00,0x00,0x00,0x00,0x00,0x00,0x00,0x00,0x00,0x00,0x00,
0x00,0x00,0x00,0x00,0x00,0x00,0x00,0x00,0x00,0x00,0x00,0x00,0x00,0x7F,0x7F,0x7F,
0x70,0x70,0x70,0x70,0x70,0x70,0x70,0x70,0x70,0xF0,0xF0,0xF0,0xF0,0x70,0x10,0x00,
0x00,0x00,0x00,0x00,0x01,0x03,0x07,0x0F,0x1E,0x3C,0xF8,0xF0,0xC0,0x80,0x00,0x00,
0x00,0x00,0x00,0x00,0x00,0x00,0x00,0x00,0x00,0x00,0x00,0x00,0x00,0x00,0x00,0x00,
0x00,0x00,0x00,0x00,0x00,0x00,0x00,0x00,0x00,0x00,0x00,0x00,0x00,0x00,0x00,0x00,
0x00,0x00,0x80,0xC0,0xF0,0xF8,0x3C,0x1E,0x0F,0x07,0x03,0x01,0x00,0x00,0x00,0x00,
0x00,0x00,0x00,0x00,0x00,0x00,0x00,0x00,0x00,0x00,0x00,0x01,0x03,0x07,0x0F,0x1E,
0x3C,0x78,0xF0,0xE0,0xC0,0x80,0x00,0x00,0x00,0x00,0x00,0x00,0x00,0x00,0x00,0x00,
0x00,0x00,0x00,0x00,0x00,0x00,0x00,0x00,0x00,0x00,0x80,0xC0,0xE0,0xF0,0x78,0x3C,
0x1E,0x0F,0x07,0x03,0x01,0x00,0x00,0x00,0x00,0x00,0x00,0x00,0x00,0x00,0x00,0x00,
0x00,0x00,0x00,0x00,0x00,0x00,0x00,0x00,0x00,0x00,0x00,0x00,0x00,0x00,0x00,0x00,
0x00,0x00,0x01,0x03,0x07,0x0F,0x1F,0x3E,0x78,0xF0,0xE0,0xC0,0x80,0x00,0x00,0x00,
0x00,0x00,0x00,0x80,0xC0,0xE0,0xF0,0x78,0x3E,0x1F,0x0F,0x07,0x03,0x01,0x00,0x00,
0x00,0x00,0x00,0x00,0x00,0x00,0x00,0x00,0x00,0x00,0x00,0x00,0x00,0x00,0x00,0x00,
0x00,0x00,0x00,0x00,0x00,0x00,0x00,0x00,0x00,0x00,0x00,0x00,0x00,0x00,0x00,0x00,
0x00,0x00,0x00,0x00,0x00,0x00,0x00,0x00,0x00,0x01,0x03,0x07,0x0F,0x1F,0x3E,0x7C,
0x7C,0x3E,0x1F,0x0F,0x07,0x03,0x01,0x00,0x00,0x00,0x00,0x00,0x00,0x00,0x00,0x00,
0x00,0x00,0x00,0x00,0x00,0x00,0x00,0x00,0x00,0x00,0x00,0x00,0x00,0x00,0x00,0x00

};


char code zuo[8][64] = {
0x00,0x00,0x00,0x00,0x00,0x00,0x00,0x00,0x00,0x00,0x00,0x00,0x00,0x00,0x00,0x00,
0x00,0x00,0x00,0x00,0x00,0x00,0x00,0x00,0x00,0x00,0x00,0x00,0x80,0xC0,0xE0,0xF0,
0x78,0xF8,0xFC,0xFE,0x00,0x00,0x00,0x00,0x00,0x00,0x00,0x00,0x00,0x00,0x00,0x00,
0x00,0x00,0x00,0x00,0x00,0x00,0x00,0x00,0x00,0x00,0x00,0x00,0x00,0x00,0x00,0x00,
0x00,0x00,0x00,0x00,0x00,0x00,0x00,0x00,0x00,0x00,0x00,0x00,0x00,0x00,0x00,0x00,
0x00,0x00,0x00,0x80,0xC0,0xE0,0xF0,0x78,0x3C,0x1C,0x0E,0x0F,0x07,0x03,0x01,0x00,
0x00,0xFF,0xFF,0xFF,0x00,0x00,0x00,0x00,0x00,0x00,0x00,0x00,0x00,0x00,0x00,0x00,
0x00,0x00,0x00,0x00,0x00,0x00,0x00,0x00,0x00,0x00,0x00,0x00,0x00,0x00,0x00,0x00,
0x00,0x00,0x00,0x00,0x00,0x00,0x00,0x00,0x00,0x00,0x80,0xC0,0xE0,0xF0,0xF8,0x7C,
0x3C,0x1E,0x0F,0x07,0x03,0x01,0x00,0x00,0x00,0x00,0x00,0x00,0x00,0x00,0x00,0x00,
0x00,0x07,0x07,0x07,0x07,0x07,0x07,0x07,0x07,0x07,0x07,0x07,0x07,0x07,0x07,0x07,
0x07,0x07,0x07,0x07,0x07,0x07,0x07,0x07,0x07,0x07,0x07,0x07,0xFF,0xFF,0xFF,0xFF,
0x00,0x80,0xC0,0xE0,0xF0,0xF8,0x7C,0x3E,0x1E,0x0F,0x07,0x03,0x01,0x00,0x00,0x00,
0x00,0x00,0x00,0x00,0x00,0x00,0x00,0x00,0x00,0x00,0x00,0x00,0x00,0x00,0x00,0x00,
0x00,0x00,0x00,0x00,0x00,0x00,0x00,0x00,0x00,0x00,0x00,0x00,0x00,0x00,0x00,0x00,
```

```
0x00,0x00,0x00,0x00,0x00,0x00,0x00,0x00,0x00,0x00,0x00,0x00,0xFF,0xFF,0xFF,0xFF,
0x00,0x01,0x03,0x07,0x0F,0x1F,0x3E,0x7C,0x78,0xF0,0xE0,0xC0,0x80,0x00,0x00,0x00,
0x00,0x00,0x00,0x00,0x00,0x00,0x00,0x00,0x00,0x00,0x00,0x00,0x00,0x00,0x00,0x00,
0x00,0x00,0x00,0x00,0x00,0x00,0x00,0x00,0x00,0x00,0x00,0x00,0x00,0x00,0x00,0x00,
0x00,0x00,0x00,0x00,0x00,0x00,0x00,0x00,0x00,0x00,0x00,0x00,0xFF,0xFF,0xFF,0xFF,
0x00,0x00,0x00,0x00,0x00,0x00,0x00,0x00,0x00,0x00,0x01,0x03,0x07,0x0F,0x1F,0x3E,
0x3C,0x78,0xF0,0xE0,0xC0,0x80,0x00,0x00,0x00,0x00,0x00,0x00,0x00,0x00,0x00,0x00,
0x00,0xE0,0xE0,0xE0,0xE0,0xE0,0xE0,0xE0,0xE0,0xE0,0xE0,0xE0,0xE0,0xE0,0xE0,0xE0,
0xE0,0xE0,0xE0,0xE0,0xE0,0xE0,0xE0,0xE0,0xE0,0xE0,0xE0,0xE0,0xFF,0xFF,0xFF,0xFF,
0x00,0x00,0x00,0x00,0x00,0x00,0x00,0x00,0x00,0x00,0x00,0x00,0x00,0x00,0x00,0x00,
0x00,0x00,0x00,0x01,0x03,0x07,0x0F,0x1E,0x3C,0x38,0x70,0xF0,0xE0,0xC0,0x80,0x00,
0x00,0xFF,0xFF,0xFF,0x00,0x00,0x00,0x00,0x00,0x00,0x00,0x00,0x00,0x00,0x00,0x00,
0x00,0x00,0x00,0x00,0x00,0x00,0x00,0x00,0x00,0x00,0x00,0x00,0x00,0x00,0x00,0x00,
0x00,0x00,0x00,0x00,0x00,0x00,0x00,0x00,0x00,0x00,0x00,0x00,0x00,0x00,0x00,0x00,
0x00,0x00,0x00,0x00,0x00,0x00,0x00,0x00,0x00,0x00,0x00,0x00,0x01,0x03,0x07,0x0F,
0x1E,0x3F,0x3F,0x7F,0x00,0x00,0x00,0x00,0x00,0x00,0x00,0x00,0x00,0x00,0x00,0x00,
0x00,0x00,0x00,0x00,0x00,0x00,0x00,0x00,0x00,0x00,0x00,0x00,0x00,0x00,0x00,0x00


};

char code you[8][64]={
0x00,0x00,0x00,0x00,0x00,0x00,0x00,0x00,0x00,0x00,0x00,0x00,0x00,0x00,0x00,0x00,
0x00,0x00,0x00,0x00,0x00,0x00,0x00,0x00,0x00,0x00,0x00,0x00,0xFE,0xFC,0xF8,0x78,
0xF0,0xE0,0xC0,0x80,0x00,0x00,0x00,0x00,0x00,0x00,0x00,0x00,0x00,0x00,0x00,0x00,
0x00,0x00,0x00,0x00,0x00,0x00,0x00,0x00,0x00,0x00,0x00,0x00,0x00,0x00,0x00,0x00,
0x00,0x00,0x00,0x00,0x00,0x00,0x00,0x00,0x00,0x00,0x00,0x00,0x00,0x00,0x00,0x00,
0x00,0x00,0x00,0x00,0x00,0x00,0x00,0x00,0x00,0x00,0x00,0x00,0xFF,0xFF,0xFF,0x00,
0x00,0x01,0x03,0x07,0x0F,0x0E,0x1C,0x3C,0x78,0xF0,0xE0,0xC0,0x80,0x00,0x00,0x00,
0x00,0x00,0x00,0x00,0x00,0x00,0x00,0x00,0x00,0x00,0x00,0x00,0x00,0x00,0x00,0x00,
0xFF,0xFF,0xFF,0xFF,0x07,0x07,0x07,0x07,0x07,0x07,0x07,0x07,0x07,0x07,0x07,0x07,
0x07,0x07,0x07,0x07,0x07,0x07,0x07,0x07,0x07,0x07,0x07,0x07,0x07,0x07,0x07,0x00,
0x00,0x00,0x00,0x00,0x00,0x00,0x00,0x00,0x00,0x00,0x01,0x03,0x07,0x0F,0x1E,0x3C,
0x7C,0xF8,0xF0,0xE0,0xC0,0x80,0x00,0x00,0x00,0x00,0x00,0x00,0x00,0x00,0x00,0x00,
0xFF,0xFF,0xFF,0xFF,0x00,0x00,0x00,0x00,0x00,0x00,0x00,0x00,0x00,0x00,0x00,0x00,
0x00,0x00,0x00,0x00,0x00,0x00,0x00,0x00,0x00,0x00,0x00,0x00,0x00,0x00,0x00,0x00,
0x00,0x00,0x00,0x00,0x00,0x00,0x00,0x00,0x00,0x00,0x00,0x00,0x00,0x00,0x00,0x00,
0x00,0x00,0x00,0x01,0x03,0x07,0x0F,0x1E,0x3E,0x7C,0xF8,0xF0,0xE0,0xC0,0x80,0x00,
0xFF,0xFF,0xFF,0xFF,0x00,0x00,0x00,0x00,0x00,0x00,0x00,0x00,0x00,0x00,0x00,0x00,
0x00,0x00,0x00,0x00,0x00,0x00,0x00,0x00,0x00,0x00,0x00,0x00,0x00,0x00,0x00,0x00,
0x00,0x00,0x00,0x00,0x00,0x00,0x00,0x00,0x00,0x00,0x00,0x00,0x00,0x00,0x00,0x00,
0x00,0x00,0x00,0x80,0xC0,0xE0,0xF0,0x78,0x7C,0x3E,0x1F,0x0F,0x07,0x03,0x01,0x00,
0xFF,0xFF,0xFF,0xFF,0xE0,0xE0,0xE0,0xE0,0xE0,0xE0,0xE0,0xE0,0xE0,0xE0,0xE0,0xE0,
0xE0,0xE0,0xE0,0xE0,0xE0,0xE0,0xE0,0xE0,0xE0,0xE0,0xE0,0xE0,0xE0,0xE0,0xE0,0x00,
```

```
0x00,0x00,0x00,0x00,0x00,0x00,0x00,0x00,0x00,0x00,0x80,0xC0,0xE0,0xF0,0x78,0x3C,
0x3E,0x1F,0x0F,0x07,0x03,0x01,0x00,0x00,0x00,0x00,0x00,0x00,0x00,0x00,0x00,0x00,
0x00,0x00,0x00,0x00,0x00,0x00,0x00,0x00,0x00,0x00,0x00,0x00,0x00,0x00,0x00,0x00,
0x00,0x00,0x00,0x00,0x00,0x00,0x00,0x00,0x00,0x00,0x00,0x00,0xFF,0xFF,0xFF,0x00,
0x00,0x80,0xC0,0xE0,0xF0,0x70,0x38,0x3C,0x1E,0x0F,0x07,0x03,0x01,0x00,0x00,0x00,
0x00,0x00,0x00,0x00,0x00,0x00,0x00,0x00,0x00,0x00,0x00,0x00,0x00,0x00,0x00,0x00,
0x00,0x00,0x00,0x00,0x00,0x00,0x00,0x00,0x00,0x00,0x00,0x00,0x00,0x00,0x00,0x00,
0x00,0x00,0x00,0x00,0x00,0x00,0x00,0x00,0x00,0x00,0x00,0x00,0x7F,0x3F,0x3F,0x1E,
0x0F,0x07,0x03,0x01,0x00,0x00,0x00,0x00,0x00,0x00,0x00,0x00,0x00,0x00,0x00,0x00,
0x00,0x00,0x00,0x00,0x00,0x00,0x00,0x00,0x00,0x00,0x00,0x00,0x00,0x00,0x00,0x00
};
char code zi0[8][64] = {
0x00,0x00,0x00,0x00,0x00,0x00,0x00,0x00,
0x00,0x00,0x00,0x00,0x00,0x00,0x00,0x00,
0x00,0x00,0x00,0x80,0xC0,0xC0,0xE0,0xF0,
0xFC,0xFE,0xFC,0xFE,0xFF,0xFE,0xFE,0xFF,
0xFF,0xFC,0xFF,0xFF,0xFE,0xFC,0xFC,0xF8,
0xF0,0xF0,0xF0,0xE0,0xE0,0xC0,0xC0,0x80,
0x00,0x00,0x00,0x00,0x00,0x00,0x00,0x00,
0x00,0x00,0x00,0x00,0x00,0x00,0x00,0x00,
0x00,0x00,0x00,0x00,0x00,0x00,0x00,0x00,
0x00,0x00,0x00,0x00,0x00,0x00,0xE0,0xF8,
0xFC,0xFE,0xFF,0xFF,0xFF,0x7F,0x7F,0x7F,
0x7F,0x7F,0x7F,0x3F,0x3F,0x3F,0x3F,0x3F,
0x7F,0x3F,0x7F,0x3F,0x3F,0x3F,0x3F,0x3F,
0x3F,0x3F,0x3F,0x7F,0x7F,0x7F,0x7F,0xFF,
0xFF,0xFE,0xFC,0xF8,0xE0,0x80,0x00,0x00,
0x00,0x00,0x00,0x00,0x00,0x00,0x00,0x00,
0x00,0x00,0x00,0x00,0x00,0x00,0x00,0x00,
0x00,0x00,0x00,0x00,0xF8,0xFF,0xFF,0xCF,
0x63,0x60,0x60,0x60,0x60,0x60,0x60,0x60,
0x60,0x60,0x60,0x60,0xC0,0x80,0x00,0x00,
0x00,0x00,0x00,0x00,0x80,0xC0,0x60,0x60,
0x60,0x60,0x60,0x60,0x60,0x60,0x60,0x60,
0x61,0x63,0xCF,0xFF,0xFF,0xFF,0xE0,0x00,
0x00,0x00,0x00,0x00,0x00,0x00,0x00,0x00,
0x00,0x00,0x00,0x00,0x00,0x00,0x00,0x00,
0x00,0x00,0x00,0xF0,0x0F,0xFF,0x1F,0x30,
0x20,0x40,0x40,0x40,0x40,0x40,0x40,0x40,
0x40,0x40,0x40,0x40,0x20,0x11,0x0F,0x02,
0x01,0x01,0x02,0x0F,0x11,0x20,0x40,0x40,
0x40,0x40,0x40,0x40,0x40,0x40,0x40,0x40,
0x40,0x20,0x30,0x1F,0xFF,0x0F,0xF7,0x00,
0x00,0x00,0x00,0x00,0x00,0x00,0x00,0x00,
```

```
0x00,0x00,0x00,0x00,0x00,0x00,0x00,0x00,
0x00,0x00,0x00,0x0F,0x10,0x3F,0xC0,0x00,
0x00,0x00,0x00,0x00,0x00,0x00,0x00,0x00,
0x00,0x00,0x00,0x00,0x00,0x00,0x00,0x10,
0x00,0x00,0x10,0x00,0x00,0x20,0x50,0x50,
0x50,0x50,0x90,0x08,0x08,0x08,0x08,0x08,
0x08,0x10,0x10,0x10,0x1F,0x10,0x2F,0x20,
0x20,0x40,0x80,0x00,0x00,0x00,0x00,0x00,
0x00,0x00,0x00,0x00,0x00,0x00,0x00,0x00,
0x00,0x00,0x00,0x00,0x00,0x00,0x03,0x0C,
0x30,0x40,0x80,0x00,0x00,0x00,0x00,0x00,
0x00,0x00,0x00,0x00,0x00,0x00,0x00,0x0E,
0x01,0x01,0x0E,0x00,0x00,0x02,0x05,0x05,
0x05,0x05,0x08,0x10,0x20,0x20,0x20,0xA0,
0x50,0x30,0x20,0xC0,0x00,0x00,0x00,0x00,
0x00,0x00,0x00,0x01,0x06,0xF8,0x00,0x00,
0x00,0x00,0x00,0x00,0x00,0x00,0x00,0x00,
0x00,0x00,0x00,0x00,0x00,0x00,0x00,0x00,
0x00,0x80,0x80,0x41,0xC2,0x44,0xC4,0x48,
0x48,0xC8,0x48,0x50,0x50,0x30,0x10,0x00,
0x00,0x00,0x00,0x10,0x10,0x30,0xD0,0x48,
0xC8,0x48,0xC8,0x64,0xA4,0x62,0xA1,0x10,
0x08,0x04,0x03,0x00,0x00,0x00,0x00,0x00,
0x00,0x00,0x00,0xC0,0x30,0x0F,0x00,0x00,
0x00,0x00,0x00,0x00,0x00,0x00,0x00,0x00,
0x80,0xF0,0xB0,0x58,0xA8,0x44,0xAA,0x45,
0xAB,0x44,0xAA,0x44,0xAA,0x44,0xAA,0x44,
0xAA,0x45,0xAA,0x44,0xA8,0x48,0xA8,0x48,
0xA8,0x48,0xA8,0x44,0xAA,0x45,0xAA,0x44,
0xAA,0x44,0xAA,0x44,0xAA,0x44,0xAA,0x45,
0xAA,0x44,0xA8,0x70,0xC0,0xC0,0x20,0x10,
0x08,0x06,0x01,0x00,0x00,0x00,0x00,0x00};
char code zi1[8][64]={
0x00,0x00,0x00,0x80,0xC0,0x40,0xA0,0x60,
0xA0,0x60,0xA0,0x40,0x80,0x40,0xA0,0x50,
0xA8,0x54,0x2C,0x16,0x2A,0x15,0x0B,0x15,
0x0B,0x15,0x2A,0x15,0x2A,0x55,0x2A,0x15,
0x2A,0x15,0x2A,0x15,0x0B,0x15,0x0B,0x16,
0x2A,0x54,0xA8,0x58,0xB0,0x60,0xB0,0x58,
0xA8,0x58,0xA8,0x58,0xA8,0x50,0xA0,0xC0,
0x00,0x00,0x00,0x00,0x00,0x00,0x00,0x00,
0x00,0xF8,0xAE,0x55,0xAA,0x55,0xAA,0x55,
0xAA,0xD5,0xFA,0x57,0x2A,0x05,0x00,0x00,
0x20,0x20,0x10,0x10,0x10,0x20,0x20,0x40,
```

0x00,0x00,0x00,0x00,0x00,0x00,0x00,0x00,
0x00,0x00,0x20,0x10,0x10,0x08,0x08,0x08,
0x10,0x10,0x00,0x01,0x0A,0x15,0xAB,0x7D,
0xEA,0x55,0xAA,0x55,0xAA,0x55,0xAA,0x55,
0xFF,0x00,0x00,0x00,0x00,0x00,0x00,0x00,
0x00,0x07,0x0A,0x15,0x2A,0x35,0x2A,0x35,
0xAA,0x7F,0xEA,0x15,0x00,0x00,0xC0,0x30,
0x08,0xC4,0xE4,0xF4,0xF4,0xE8,0xD8,0x00,
0x00,0x00,0x00,0x00,0x00,0x00,0x00,0x00,
0x00,0x00,0x00,0xD8,0xE8,0xF4,0xF4,0xE4,
0xC4,0x08,0x30,0xC0,0x00,0x00,0x00,0xFD,
0x7F,0xF5,0x6A,0x55,0x2A,0x35,0x1A,0x0D,
0x07,0x00,0x00,0x00,0x00,0x00,0x00,0x00,
0x00,0x00,0x00,0x00,0x00,0x00,0x00,0x00,
0x3F,0x40,0xFF,0x00,0x00,0x00,0x07,0x00,
0x00,0x0F,0x3F,0x7F,0x7F,0x3F,0x1F,0x00,
0x00,0x00,0x00,0x00,0x00,0x00,0x00,0x00,
0x00,0x00,0x00,0x1F,0x3F,0x7F,0x7F,0x3F,
0x0F,0x00,0x00,0x03,0x00,0x00,0x00,0xFF,
0x40,0x3F,0x00,0x00,0x00,0x00,0x00,0x00,
0x00,0x00,0x00,0x00,0x00,0x00,0x00,0x00,
0x00,0x00,0x00,0x00,0x00,0x00,0x00,0x00,
0x00,0x00,0x00,0x03,0x0C,0x30,0x40,0x80,
0x00,0x00,0x00,0x00,0x00,0x00,0x00,0x00,
0x00,0x00,0x00,0x00,0x00,0x00,0x00,0x00,
0x00,0x00,0x00,0x00,0x00,0x00,0x00,0x00,
0x00,0x00,0x00,0x80,0xC0,0x70,0x1E,0x01,
0x00,0x00,0x00,0x00,0x00,0x00,0x00,0x00,
0x00,0x00,0x00,0x00,0x00,0x00,0x00,0x00,
0x00,0x00,0x00,0x00,0x00,0x00,0x00,0x00,
0x00,0x00,0x00,0x00,0x00,0x00,0x00,0x00,
0x03,0x02,0x04,0x08,0x08,0x10,0x10,0x20,
0x20,0x21,0x41,0xC2,0x42,0x44,0x42,0xC2,
0x41,0x21,0x20,0x20,0x10,0x18,0x08,0x04,
0x04,0x02,0x03,0x01,0x00,0x00,0x00,0x00,
0x00,0x00,0x00,0x00,0x00,0x00,0x00,0x00,
0x00,0x00,0x00,0x00,0x00,0x00,0x00,0x00,
0x00,0x00,0x00,0x00,0x00,0x00,0x00,0x00,
0x00,0x00,0x00,0x00,0x00,0x00,0x00,0x00,
0x00,0x80,0x70,0x08,0x04,0x02,0x02,0x01,
0x01,0x01,0x01,0x07,0x08,0x10,0x08,0x07,
0x01,0x01,0x01,0x01,0x02,0x02,0x04,0x08,
0x70,0x80,0x00,0x00,0x00,0x00,0x00,0x00,
0x00,0x00,0x00,0x00,0x00,0x00,0x00,0x00,

```
0x00,0x00,0x00,0x00,0x00,0x00,0x00,0x00,
0x00,0x00,0x00,0x00,0x00,0x00,0x00,0x00,
0x00,0x00,0x00,0x00,0x00,0x00,0x00,0x00,
0x00,0x1F,0xE6,0x02,0x02,0x02,0x04,0x38,
0xC0,0x00,0x00,0x00,0x00,0x00,0x00,0x00,
0x00,0x00,0xC0,0x38,0x04,0x02,0x02,0x02,
0xE4,0x1F,0x00,0x00,0x00,0x00,0x00,0x00,
0x00,0x00,0x00,0x00,0x00,0x00,0x00,0x00,
0x00,0x00,0x00,0x00,0x00,0x00,0x00,0x00};
char code ch[8][128] = {
0x00,0x00,0x00,0x00,0x00,0x00,0x00,0x00,0x00,0x00,0x00,0x00,0x00,0x00,0x00,0x00,
0x80,0x80,0x00,0xC0,0x00,0x00,0x00,0x66,0x70,0x40,0x80,0xF0,0xF8,0xFC,0xFE,0xFE,
0xFF,0xFF,0xFF,0x7F,0x7F,0x7F,0x7E,0x7E,0x7C,0x70,0xE0,0xE0,0xEF,0xE7,0xC3,0xC2,
0xB3,0x07,0x01,0x01,0x00,0x00,0x00,0x00,0x00,0x00,0x00,0x00,0x00,0x00,0x00,0x00,
0x00,0x00,0x00,0x00,0x00,0x00,0x00,0x00,0x00,0x00,0x00,0x00,0x00,0x00,0x00,0x00,
0x00,0x00,0x00,0x00,0x00,0x00,0x00,0x00,0x00,0x00,0x00,0x00,0x00,0x00,0x00,0x00,
0x00,0x00,0x00,0x00,0x00,0x00,0x00,0x00,0x00,0x00,0x00,0x00,0x00,0x00,0x00,0x00,
0x00,0x00,0x00,0x00,0x00,0x00,0x00,0x00,0x00,0x00,0x00,0x00,0x00,0x00,0x00,0x00,
0x00,0x00,0x00,0x00,0x00,0x00,0x00,0x00,0x00,0x00,0x00,0x00,0x00,0x00,0x00,0x00,
0x80,0x80,0xC3,0xE3,0x72,0x3B,0x1C,0x0E,0x07,0x07,0x0B,0x01,0x03,0x03,0x03,0x8B,
0xC9,0xC8,0xC0,0xE0,0xE0,0xE0,0xC0,0xC0,0x00,0x06,0x00,0x0C,0xB0,0xD0,0xD0,0xD1,
0x83,0x1F,0xFF,0xFF,0xFF,0xFE,0xFE,0x7C,0x00,0x00,0x30,0x00,0x00,0x00,0x00,0x00,
0x00,0x00,0x00,0x00,0x00,0x00,0x00,0x00,0x00,0x00,0x00,0x00,0x00,0x00,0x00,0x00,
0x00,0x00,0x00,0x00,0x00,0x00,0x00,0x00,0x00,0x00,0x00,0x00,0x00,0x00,0x00,0x00,
0x00,0x00,0x00,0x00,0x00,0x00,0x00,0x00,0x00,0x00,0x00,0x00,0x00,0x00,0x00,0x00,
0x00,0x00,0x00,0x00,0x00,0x00,0x00,0x00,0x00,0x00,0x00,0x00,0x00,0x00,0x00,0x00,
0x00,0x00,0x00,0x00,0x00,0x00,0x00,0x38,0x8C,0xE7,0xF0,0xFC,0xFE,0xFE,0xFF,0xFF,
0xFF,0xFF,0xFF,0xFD,0xF0,0xF0,0xE0,0xC0,0x00,0x00,0x00,0x00,0x00,0x0F,0x1F,0x9F,
0xDF,0x9F,0x1F,0x1F,0xCF,0xC7,0xC3,0xC1,0x80,0xE0,0xE8,0xC6,0x1F,0x7F,0xFF,0x7F,
0xBF,0xFF,0xFE,0xFF,0xCF,0xC3,0x81,0x00,0x00,0x00,0x00,0x00,0x00,0x00,0x00,0x00,
0x00,0x00,0x00,0x00,0x00,0x00,0x00,0x00,0x00,0x00,0x00,0x00,0x00,0x00,0x00,0x00,
0x00,0x00,0x00,0x00,0x00,0x00,0x00,0x00,0x00,0x00,0x00,0x00,0x00,0x00,0x00,0x00,
0x00,0x00,0x00,0x00,0x00,0x00,0x00,0x00,0x00,0x00,0x00,0x00,0x00,0x00,0x00,0x00,
0x00,0x00,0x00,0x00,0x00,0x00,0x00,0x00,0x00,0x00,0x00,0x00,0x00,0x00,0x00,0x00,
0x00,0x00,0x00,0x00,0x80,0xE4,0xFA,0x7C,0x1F,0x0F,0x0F,0x3F,0x7F,0xFF,0xFF,0xFF,
0xFF,0xFF,0xFF,0xFF,0xFF,0xFF,0xFF,0xFF,0xFF,0xDF,0xEF,0xE7,0xF3,0xFB,0xFF,0xFF,
0xFF,0xFF,0xFF,0xF6,0xFE,0xFF,0xDF,0xFF,0xFF,0xFF,0xFF,0xF9,0xF8,0xFC,0xFE,0xFE,
0xFF,0xFF,0xFF,0xFF,0xFF,0xFF,0xFF,0xFF,0xFE,0x7C,0x00,0x00,0x00,0x00,0x00,0x00,
0x00,0x00,0x00,0x00,0x00,0x00,0x00,0x80,0x80,0x80,0x80,0xC0,0xC6,0xC0,0xC0,0xC0,
0xE0,0xE0,0xE0,0xE0,0xE0,0xE0,0xE0,0x70,0x70,0x70,0x74,0x74,0x70,0xE0,0xF0,0xF0,
0xF8,0xF8,0xFC,0xFC,0xFC,0xFC,0xFC,0xF8,0xF0,0xE6,0x86,0x00,0x00,0x00,0x00,0x00,
0x00,0x00,0x00,0x00,0x00,0x00,0x00,0x00,0x00,0x00,0x00,0x00,0x00,0x00,0x00,0x00,
0x00,0x00,0xC2,0xFC,0xFF,0x7F,0x03,0x00,0x00,0x00,0x00,0x00,0x00,0x00,0x02,0x01,
0x13,0x07,0x07,0x0F,0x1F,0x1F,0x3F,0x3F,0x7F,0x7F,0x7F,0xFF,0xFF,0xFF,0xFF,0xFF,
```

```
0xFF,0xFF,0xFF,0x7F,0x7F,0x7F,0x3F,0x3F,0x1F,0x1F,0x1F,0x2F,0x9F,0x7F,0x7F,0xFF,
0xFF,0xDF,0x0F,0x1F,0x3F,0x7B,0x71,0xE1,0x00,0xD0,0xE0,0xF0,0xF0,0x30,0x18,0x18,
0x0C,0x0E,0x0E,0x07,0x07,0x07,0x03,0x03,0x01,0x01,0x01,0xE0,0xF8,0xFE,0xFF,0xFF,
0xFF,0xFF,0xFF,0xFF,0xFF,0xFF,0xE3,0x80,0xC1,0xC0,0x00,0xC0,0x00,0x01,0x03,0x03,
0x03,0x01,0x00,0x00,0x00,0x01,0x01,0x01,0x05,0x01,0x03,0x07,0x0F,0x0E,0x3F,0x1C,
0x38,0xF8,0xE0,0xE0,0xE0,0xE0,0xE0,0xE0,0xA0,0x00,0x60,0x00,0x00,0x00,0x00,0x00,
0x00,0x00,0x7F,0xFF,0xFF,0x80,0x00,0x00,0x00,0x00,0x00,0x00,0x60,0x60,0xC0,0xC8,
0xE8,0xEC,0xF4,0xF4,0xF0,0xF0,0xF0,0xF0,0xF0,0xF0,0xF0,0xF8,0xF8,0xF0,0xF0,0xF0,
0xE0,0xC0,0xC0,0x80,0x40,0x40,0x00,0x00,0x00,0x00,0x00,0x00,0x00,0x10,0x00,0x1F,
0x3F,0xFF,0xFF,0xFF,0xFF,0xFF,0xFF,0xFF,0xFF,0x17,0x03,0x00,0x00,0x00,0x00,0x00,
0x00,0x30,0x00,0x00,0x00,0x00,0x00,0x00,0x00,0x81,0xFE,0xFF,0xFF,0xFF,0xFF,0xFF,
0xFF,0xFF,0xFF,0xFF,0xFF,0xFF,0xFF,0xFF,0xFF,0xE3,0x00,0x38,0x7C,0x7C,0xFC,0xFE,
0xFE,0xFE,0x7E,0x7E,0x7C,0x3C,0x1A,0x00,0x80,0xC0,0xE0,0xE0,0xC0,0x00,0x00,0x00,
0xE0,0xF0,0xFD,0x1F,0x0F,0x0F,0x0F,0x0F,0x07,0x00,0x00,0x00,0x00,0x00,0x00,0x00,
0x00,0x00,0x00,0x01,0x0F,0x9F,0x7E,0xF8,0xE0,0xC0,0x00,0x01,0xFE,0xFF,0xFF,0xFF,
0xFF,0xFF,0xFF,0xFF,0xFF,0xFF,0xFF,0xFF,0xFF,0xFF,0xFF,0xFF,0xFF,0xFF,0xFF,0xFF,
0xFF,0xFF,0xFF,0xFF,0xFF,0xFF,0xFF,0xFE,0xFE,0xFC,0xFC,0xFC,0xFC,0xFD,0xFD,0x99,
0x81,0xC0,0xC7,0xCF,0xEF,0x7F,0xFF,0xE7,0x08,0x00,0xC8,0xF0,0xF8,0xFB,0xFB,0xF8,
0xF8,0xF8,0xFC,0xFE,0xFE,0xFE,0xFE,0xFC,0xE0,0x7F,0xFF,0xFF,0xFF,0xFF,0xFF,0xFF,
0xFF,0xFF,0xFF,0xFF,0xFF,0xFF,0xFF,0xFF,0xFF,0x7F,0x7F,0x7F,0x3F,0x3E,0x30,0x70,
0xEE,0xFC,0xFC,0xFC,0xFC,0xFC,0xE8,0xF7,0xFF,0xEF,0xEF,0xFF,0xF7,0xFF,0xFC,0xFE,
0xE7,0x03,0x01,0x00,0x80,0x00,0x00,0x00,0x00,0x00,0x00,0x00,0x00,0x00,0x00,0x00,
0x00,0x00,0x00,0x00,0x00,0x00,0x00,0x00,0x01,0x83,0x87,0x0E,0x0E,0xAD,0x9F,0xBF,
0x3F,0x9F,0xBF,0xBF,0x7F,0x7F,0x7F,0x7F,0x7F,0x7F,0x7F,0x3F,0x3F,0x3F,0x1F,0x1F,
0x1F,0x1F,0x1F,0x0F,0x0F,0x2F,0x2F,0x0F,0x0F,0x0F,0x0F,0x0F,0x07,0x01,0x00,0x01,
0x01,0x01,0x01,0x00,0x00,0x00,0x07,0x0F,0x0E,0x0C,0x1F,0x1F,0x1F,0x1F,0x3F,0x3F,
0x7F,0x7F,0xFF,0xFF,0xFF,0xFF,0xFF,0xFF,0xFF,0xFF,0x7F,0x3B,0xC7,0xCF,0x1F,0x1F,
0x3F,0x3F,0x3F,0x3F,0x3F,0x3F,0x3F,0x3F,0x3F,0x3E,0x3E,0x3D,0x00,0x00,0x00,0xC0,
0xC0,0xE0,0x00,0xC0,0xC1,0x07,0x8F,0x8F,0x9F,0x3F,0x7F,0x7F,0x7F,0x7F,0x7F,0x7F,
0x7F,0x7C,0x7C,0x78,0x10,0x00,0x00,0x00,0x00,0x00,0x00,0x00,0x00,0x00,0x00,0x00,
};
```

项目4 电子琴设计

1. 设计目标

利用单片机中断、定时的功能同键盘、喇叭等硬件的配合使用，按照音乐的乐理和乐谱设计一个简易电子琴。

2. 原理图(图4.7)

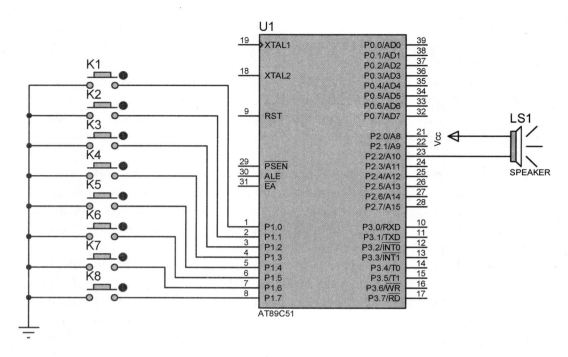

图 4.7　电子琴原理图

3. 参考程序

♯include＜reg52.h＞ //包含头文件,一般情况不需要改动,头文件包含特殊功能寄存器的定义

```
♯define KeyPort P1
/*- - - - - - - - - - - - - - - - - - - - - - - - - - - - - - - -
- - - - - -
全局变量
- - - - - - - - - - - - - - - - - - - - - - - - - - - - - - - -
- - - - - */

unsigned char High,Low；//定时器预装值的高8位和低8位

sbit SPK = P2^2；          //定义喇叭接口

unsigned char code freq[][2] = {
    0xD8,0xF7,//00440Hz 1
    0xBD,0xF8,//00494Hz 2
    0x87,0xF9,//00554Hz 3
    0xE4,0xF9,//00587Hz 4
    0x90,0xFA,//00659Hz 5
    0x29,0xFB,//00740Hz 6
    0xB1,0xFB,//00831Hz 7
```

```
    0xEF,0xFB,//00880Hz 1
};
/* - - - - - - - - - - - - - - - - - - - - - - - - - - - - - - - -
- - - - -

函数声明
    - - - - - - - - - - - - - - - - - - - - - - - - - - - - - - - -
- - - - - */

void Init_Timer0(void);//定时器初始化
/* - - - - - - - - - - - - - - - - - - - - - - - - - - - - - - - -
- - - - -

主函数
    - - - - - - - - - - - - - - - - - - - - - - - - - - - - - - - -
- - - - - */

void main (void)
{
unsigned char num;

Init_Timer0();      //初始化定时器 0,主要用于数码管动态扫描
SPK = 0;              //在未按键时,喇叭低电平,防止长期高电平损坏喇叭
while (1)          //主循环
    {
    switch(KeyPort)
        {
        case 0xfe:num = 1;break;
        case 0xfd:num = 2;break;
        case 0xfb:num = 3;break;
        case 0xf7:num = 4;break;
        case 0xef:num = 5;break;
        case 0xdf:num = 6;break;
        case 0xbf:num = 7;break;
        case 0x7f:num = 8;break;
        default:num = 0;break;
        }

    if(num = =0)
        {
        TR0 = 0;
        SPK = 0;    //在未按键时,喇叭低电平,防止长期高电平损坏喇叭
        }
    else
        {
            High = freq[num - 1][1];
            Low  = freq[num - 1][0];
            TR0 = 1;
```

```
            }
        }
    }

    /* - - - - - - - - - - - - - - - - - - - - - - - - - - - - - -
- - - - - -
    定时器初始化子程序
    - - - - - - - - - - - - - - - - - - - - - - - - - - - - - - - -
- - - - - */
    void Init_Timer0(void)
    {
        TMOD |= 0x01;    //使用模式1,16位定时器,使用"|"符号可以在使用多个定时器时不受影响

        EA = 1;              //总中断打开
        ET0 = 1;             //定时器中断打开
        //TR0 = 1;           //定时器开关打开
    }
    /* - - - - - - - - - - - - - - - - - - - - - - - - - - - - - -
- - - - - -
    定时器中断子程序
    - - - - - - - - - - - - - - - - - - - - - - - - - - - - - - - -
- - - - - */
    void Timer0_isr(void) interrupt 1
    {
        TH0 = High;
        TL0 = Low;

        SPK = ! SPK;

    }
```

项目 5　智能温度计设计

1. 目的与要求

掌握一线串行接口的读写操作;掌握数字温度计 DS18B20 的使用。

2. 原理图(图 4.8)

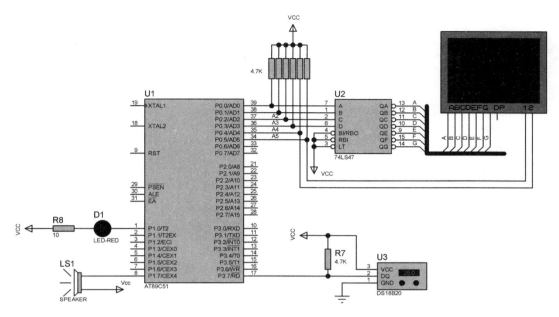

图 4.8 智能温度计原理图

3. 参考程序

```
#include "reg51. h"
#include "intrins. h"
#define uchar unsigned char
#define uint unsigned int
#define out P0
sbit sound = P1^7;
sbit led = P1^0;
sbit smg1 = out^4;
sbit smg2 = out^5;
sbit DQ = P3^7;
void delay5(uchar);
void init_ds18b20(void);
uchar readbyte(void);
void writebyte(uchar);
uchar retemp(void);

voidmain(void)
{
uchar i,temp;
delay5(1000);
while(1)
    {
    temp = retemp();
```

```
    if(temp>24)
    {
    sound = 0;
led = 0;
delay5(1000);
    }
else
    {
    sound = 1;
led = 1;
delay5(1000);
    }
        for(i = 0;i<10;i++)//连续扫描数码管 10 次
        {
        out = (temp/10)&0x0f;
        smg1 = 0;
        smg2 = 1;
        delay5(1000);//延时 5 ms
        out = (temp%10)&0x0f;
        smg1 = 1;
        smg2 = 0;
        delay5(1000);//延时 5 ms
        }
    }

}


/*-------------精确延时 5 μs 子程序---------*/
void delay5(uchar n)
{
    do
    {
    _nop_();
    _nop_();
    _nop_();
    n--;
    }
    while(n);
}
/*--------------初始化函数----------------*/
void init_ds18b20(void)
{
    uchar x = 0;
    DQ = 0;
```

```
        delay5(120);
        DQ = 1;
        delay5(16);
        delay5(80);
}
/* - - - - - - - - - - - - -读取一字节函数- - - - - - - - - - - - - */
uchar readbyte(void)
{
    uchar i = 0;
    uchar date = 0;
    for(i = 8;i>0;i- -)
    {
        DQ = 0;
        delay5(1);
        DQ = 1;//15微秒内拉释放总线
        date>>= 1;
        if(DQ)
        date| = 0x80;
        delay5(11);
    }
    return(date);
}
/* - - - - - - - - - - - - -写一字节函数- - - - - - - - - - - - - - */
void writebyte(uchar dat)
{
    uchar i = 0;
    for(i = 8;i>0;i- -)
        {
        DQ = 0;
        DQ = dat&0x01;//写"1"在15微秒内拉低
        delay5(12);    //写"0"拉低60微秒
        DQ = 1;
        dat>>= 1;
        delay5(5);
    }
}
/* - - - - - - - - - - - - -温度读取函数- - - - - - - - - - - - - - */
uchar retemp(void)
{
    uchar a,b,tt;
    uint t;
    init_ds18b20();
    writebyte(0xCC);
    writebyte(0x44);
```

```
    init_ds18b20();
    writebyte(0xCC);
    writebyte(0xBE);
    a = readbyte();
    b = readbyte();
    t = b;
    t<<= 8;
    t = t | a;
    tt = t * 0.0625;
    return(tt);
}
```

第5章 拓 展 部 分

拓展 1 并行 D/A 转换

1. 目的与要求

了解数模转换的原理;了解 0832 与单片机的接口逻辑;掌握使用 DAC0832 进行数模转换。

2. 设备与器材

STAR 系列实验仪一套、PC 机一台、示波器一台。

3. 内容

(1) 编写程序:用 0832 输出正弦波。

(2) 按图连线,运行程序,使用示波器观察实验结果。

4. 原理图(图 5.1)

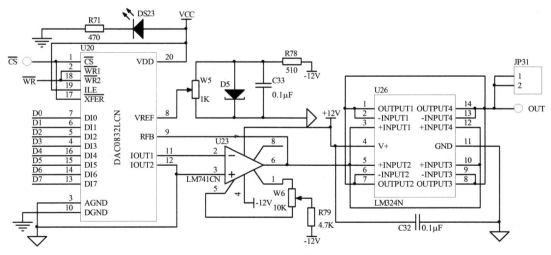

图 5.1 并行接口

5. 步骤

(1) 连线说明:

F3 区:CS。

A3 区:CS1。

(2) 运行程序,示波器的探头接 F3 区的 OUT,观察实验结果,是否产生正弦波。

6. 演示程序

```
const unsigned char TAB_1[] = {0x7F,0x8B,0x96,0xA1,0xAB,0xB6,0xC0,0xC9,0xD2,0xDA,
0xE2,0xE8,0xEE,
    0xF4,0xF8,0xFB,0xFE,0xFF,0xFF,0xFF,0xFE,0xFB,0xF8,0xF4,0xEE,0xE8,
    0xE2,0xDA,0xD2,0xC9,0xC0,0xB6,0xAB,0xA1,0x96,0x8B,0x7F,0x74,0x69,
    0x5E,0x54,0x49,0x40,0x36,0x2D,0x25,0x1D,0x17,0x11,0x0B,0x7,0x4,0x2,
    0x0,0x0,0x0,0x2,0x4,0x7,0x0B,0x11,0x17,0x1D,0x25,0x2D,0x36,0x40,
                    0x49,0x54,0x5E,0x69,0x74};
xdata unsigned char Addr_0832 _at_ 0xff00;//0832 输出口地址

void delay()
{
    unsigned char i = 0x50;
    while(i--)
    {;}
}


main()
{
    char i;
    while (1)
    {
        for (i = 0; i < 72; i++)
        {
            Addr_0832 = TAB_1[i];
            delay();
        }
    }
}
```

拓展 2　并行 A/D 转换（数字电压表）

1. 目的与要求

（1）了解几种类型 AD 转换的原理；掌握使用 ADC0809 进行模数转换。

（2）认真预习实验内容，做好准备工作，完成实验报告。

2. 设备与器材

STAR 系列实验仪一套、PC 机一台、万用表一个。

3. 内容

（1）ADC0809（G4 区）：

① 模数转换器，8 位精度，8 路转换通道，并行输出。

② 转换时间 100 μs,转换电压范围 0~5 V。

(2) 编写程序:制作一个电压表,测量 0~5 V,结果显示于数码管上。

4. 原理图(图 5.2)

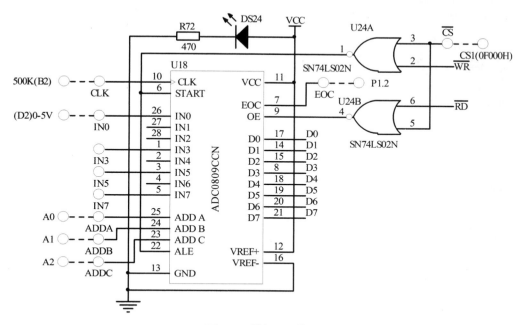

图 5.2 并行 AD 接口

5. 实验步骤

(1) 连线说明:

G4 区:CS、ADDA、ADDB、ADDC——A3 区:CS1、A0、A1、A2(选择通道)。

G4 区:EOC(转换结束标志)——A3 区:P1.2。

G4 区:CLK——B2 区:500 K。

G4 区:IN0——D2 区:0~5 V。

E5 区:CLK——B2 区:2M。

E5 区:CS——A3 区:CS5。

E5 区:A0——A3 区:A0。

E5 区:A、B、C、D——G5 区:A、B、C、D。

(2) 调节 0~5 V 电位器(D2 区)输出电压,显示在 LED 上,第 4、5 位显示 16 进制数据,第 0、1、2 位,显示十进制数据。用万用表验证 AD 转换的结果。

6. 演示程序

```
extern void Display8();
#include "reg52.h"
#include"stdio.h"
xdata unsigned char Addr_0809 _at_ 0xf000;
data unsigned char buffer[8];//8 个字节的显示缓冲区
sbit EOC_0809 =   P1^2;
data unsigned char R0 _at_ 0x0;
```

```
unsigned char AD0809()
{
Addr_0809 = 0;      //启动 AD 转换
while (! EOC_0809);     //是否转换完成
return Addr_0809;     //读转换结果
}


void delay()
{
int i;
for (i = 0; i < 0x3fff; i++)
{;}
}


main()
{
unsigned char adResult;
float temp;
while (1)
{
    adResult = AD0809();
    temp = adResult;
    temp /= 51;
    sprintf(buffer+4,"%1.2f",temp);
    buffer[2] = (buffer[4] - 0x30 + 0x80);          //加上小数点
    buffer[1] = buffer[6] - 0x30;
    buffer[0] = buffer[7] - 0x30;
    buffer[4] = adResult & 0xf;
    buffer[5] = ((adResult & 0xf0) >> 4);
    buffer[3] = 0x10;
    buffer[6] = 0x10;
    buffer[7] = 0x10;         //消隐
    R0 = buffer;
    Display8();                     //库函数 Display8 需要使用 R0 指明显示缓冲区
    delay();
    }
}
```

7. 实验扩展及思考

如何实现多路模拟量的数据采集和显示?

拓展 3　8255 控制交通灯

1. 目的与要求

(1) 了解 8255 芯片的工作原理,熟悉其初始化编程方法以及输入、输出程序设计技巧;

学会使用 8255 并行接口芯片实现各种控制功能,如本实验(控制交通灯)等。

(2)熟悉 8255 内部结构和与单片机的接口逻辑,熟悉 8255 芯片的 3 种工作方式以及控制字格式。

(3)认真预习本节实验内容,尝试自行编写程序,填写实验报告。

2. 设备与器材

STAR 系列实验仪一套、PC 机一台。

3. 内容

(1)编写程序:使用 8255 的 PA0…2、PA5…7 控制 LED 指示灯,实现交通灯功能。

(2)连接线路验证 8255 的功能,熟悉它的使用方法。

4. 原理图(图 5.3)

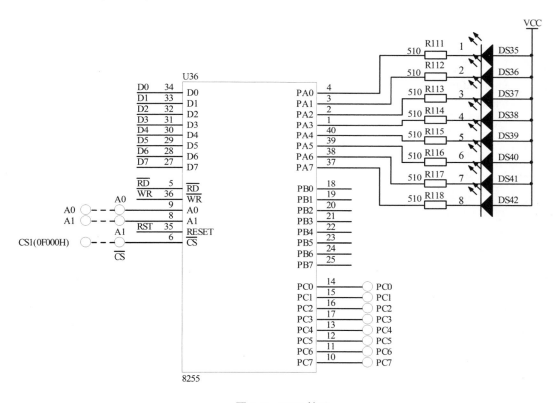

图 5.3　8255 接口

5. 步骤

(1)连线说明:

B4 区:CS、A0、A1——A3 区:CS1、A0、A1。

B4 区:JP56(PA 口)——G6 区:JP65。

(2)观察实验结果,是否能看到模拟的交通灯控制过程。

6. 演示程序

xdata unsigned char com_address _at_ 0xf003;

xdata unsigned char pa _at_ 0xf000;

```
const unsigned char Led_const[] = {0x7e,        //东西绿灯,南北红灯
                                   0xfe,        //东西绿灯闪烁,南北红灯
                                   0xbe,        //东西黄灯亮,南北红灯
                                   0xdb,        //东西红灯,南北绿灯
                                   0xdf,        //东西红灯,南北绿灯闪烁
                                   0xdd};   //东西红灯,南北黄灯亮
void delay500ms()
{
    unsigned int i;
    for (i = 0; i < 0xffff; i++)
    {;};
}

void delay3s()
{
    unsigned int i = 6;
    while (i--)
        delay500ms();
}

void delay5s()
{
    unsigned int i = 10;
    while(i--)
        delay500ms();
}

main()
{
    unsigned char j;
    com_address = 0x80;        //PA、PB、PC 为基本输出模式
    pa = 0xff;        //灯全熄灭

    while (1)
    {
        pa = Led_const[0];
        delay5s();        //东西绿灯,南北红灯
        j = 6;
        while(j--)
        {
            pa = Led_const[1];        //东西绿灯闪烁,南北红灯
            delay500ms();
            pa = Led_const[0];
            delay500ms();
```

```
    }
    pa = Led_const[2];            //东西黄灯亮,南北红灯
    delay3s();
    pa = Led_const[3];            //东西红灯,南北绿灯
    delay5s();
    j = 6;
    while（j－－）
    {
        pa = Led_const[4];            //东西红灯,南北绿灯闪烁
        delay500ms();
        pa = Led_const[3];
        delay500ms();
    }
    pa = Led_const[5];            //东西红灯,南北黄灯亮
    delay3s();
    }
}
```

7．实验扩展及思考

如何对 8255 的 PC 口进行位操作?

拓展 4　红 外 通 信

1．目的与要求

（1）理解红外通信原理;

（2）掌握红外通信。

2．设备与器材

STAR 系列实验仪一套、PC 机一台。

3．内容

（1）红外通信原理:当红外接收器收到 38 kHz 频率的信号,输出电平会由 1 变为 0,一旦没有此频率信号,输出电平会由 0 变为 1。因此,红外发射头控制通断来发射 38 kHz 信号,就可以将数据发送出来。

（2）实验过程:

① 使用红外发送管和接收器进行数据自发自收。

② 根据接收到的数据点亮 P1 口的 8 个发光管,会看到发光管不断变化。

4．原理图(图 5.4)

5．步骤

（1）连线说明:

G2 区:IN——A3 区:TxD。

G2 区:OUT——A3 区:RXD。

　　G2 区:CLK——B2 区:31250。

　　A3 区:JP51(P1)——G6 区:JP65。

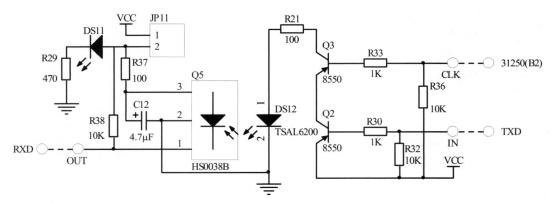

图 5.4　红外接口

　　(2) 调试该程序时,使用较厚的白纸挡住红外发射管发射的红外信号,使它反射到接收头。

　　说明:一般红外接收模块的解调频率为 38 kHz,当它接收到 38 kHz 左右的红外信号时将输出低电平,但连续输出低电平的时间是有限制的(如 100 ms),也就是说输出低电平的宽度是有限制的。

　　(3) 发送数据,并接收,根据接收到的数据点亮 8 个发光管,程序运行之后,会看到 8 个发光管(G6 区)在闪烁,从第 8 个(最右边)向第 1 个逐一点亮过去。本实验通过红外通信发送、接收数据,发送的数据从 00 H 开始＋1,接收到该数据后用来点亮 8 个发光管。亮——1,熄——0。

6. 程序(完整程序见目录 Infrared. ASM)

```
;初始化
#include "reg52.h"
//初始化
void Infrared_INIT()
{
    P1 = 0xff;                  //令发光管灭
    TMOD = 0x20;                //定时器工作方式2,设波特率2400
    TH1 = 0xf4;
    TL1 = 0xf4;
    TR1 = 1;                    //选通定时器1,定时器开始工作
    SCON = 0x50;                //串口工作方式1,开允许接收
}

//延时 0.1s
void Delay_01ms()
{
    unsigned char i = 50;
    while (i－－);
}
```

```
//延时程序
void Delay()
{
    unsigned int i;
    for (i = 0; i < 0xffff; i + +)
    {;}
}


//红外通信数据自收自发子程序
unsigned char Send_Receive(unsigned char i)
{
    unsigned char count = 0x60;              //检测接收标志最大次数
    TI = 0;
    SBUF = i;
    while (count - -)
    {
        if (RI)
        {
            RI = 0;
            return SBUF;
        }
        Delay_01ms();              //每隔 0.1 ms 检测一次接收标志
    }

    return0;              //超时
}
//红外通信
void Infrared_Test()
{
static   unsigned char i = 1;
    unsigned char j;
    j = Send_Receive(i);              //红外通信
    P1 = ~j;              //根据收接到的数据点亮 8 个红色发光管
    i + +;              //发送数据逐步递增
}
main()
{
    Infrared_INIT();              //红外通信初始化
    while (1)
    {
        Infrared_Test();              //调用自收自发红外通信子程序
        Delay();//延时
    }
}
```

7. 实验扩展及思考

了解日常所用的家电红外遥控器是如何工作的,结合按键模拟 4 路红外遥控器,编写程序遥控发光管或电机转动快慢。

拓展 5　汽车酒驾安全控制系统

1. 设计目标

设计一种酒后驾驶智能闭锁系统,能有效制止酒后驾驶行为,降低交通事故的发生率。

2. 设计思路

通过高灵敏度的呼气式酒精传感器,检测司机呼出气体中的酒精含量,当检测到酒精含量超标时,能够有效阻止驾驶员开启汽车引擎,使汽车无法启动,同时开启语音报警提醒司乘人员注意。

3. 使用材料

STC89C52,酒精传感器,WTV020-SD,液晶显示,电磁阀。

4. 安全控制系统总体框架

酒后驾驶安全监控系统以 AT89C52[4] 单片机为控制核心,通过 I/O 口实现酒精的采集、液晶显示和语音播报。系统总体框图如图 5.5 所示。系统原理图、扩展电源图、核心处理器 PCB 图、A/D 原理图、A/D 转换模块 PCB 图、语音模块原理图、语音模块 PCB 图、中心控制系统、语音模块,分别如图 5.6 至图 5.14 所示。

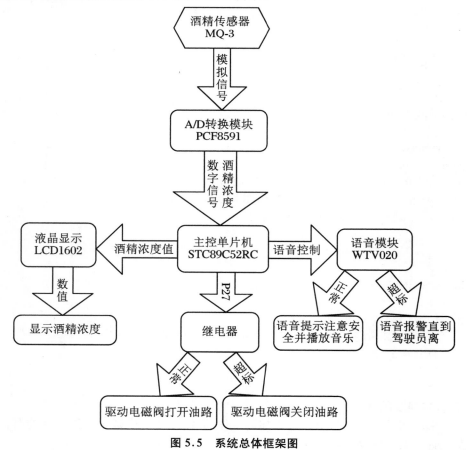

图 5.5　系统总体框架图

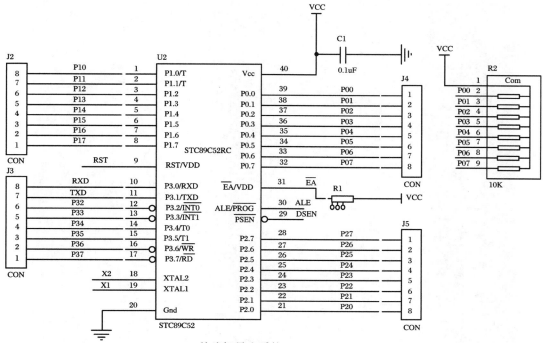

单片机最小系统

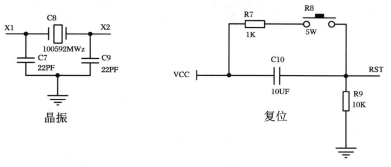

图 5.6 系统原理图

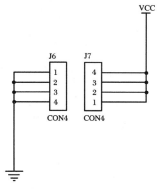

图 5.7 扩展电源图

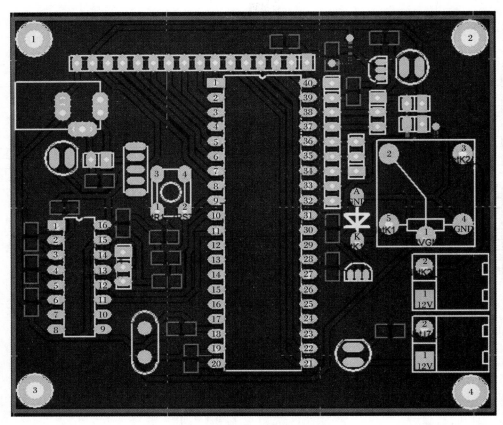

图 5.8　核心处理器 PCB 图

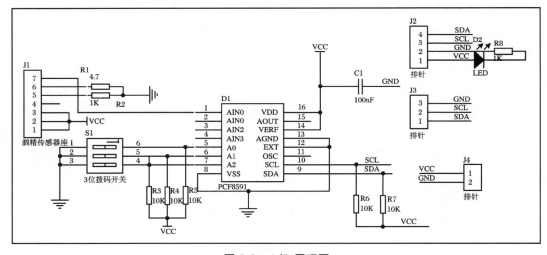

图 5.9　A/D 原理图

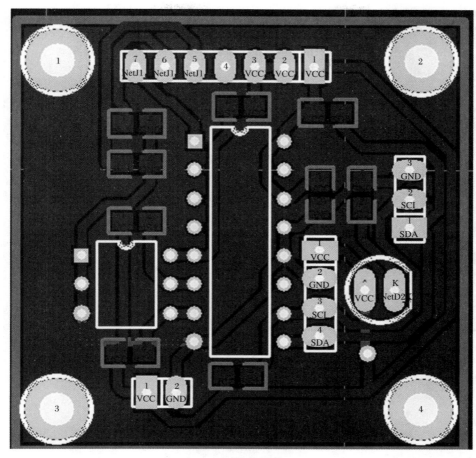

图 5.10　A/D 转换模块 PCB 图

稳压芯片选用 AMS1117 稳压芯片。

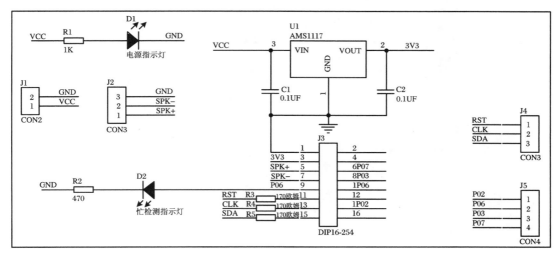

图 5.11　语音模块原理图

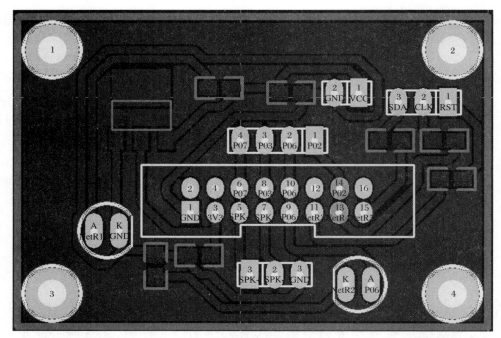

图 5.12　语音模块 PCB 图

图 5.13　中心控制系统

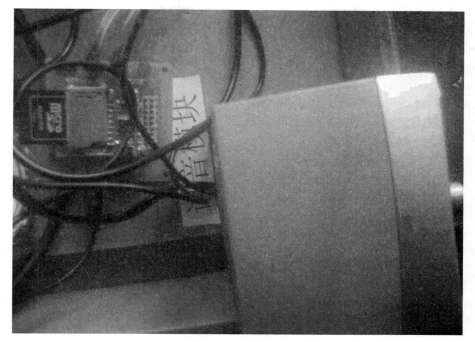

图 5.14 语音模块

5．程序设计

（1）程序设计框架图（图 5.15）。

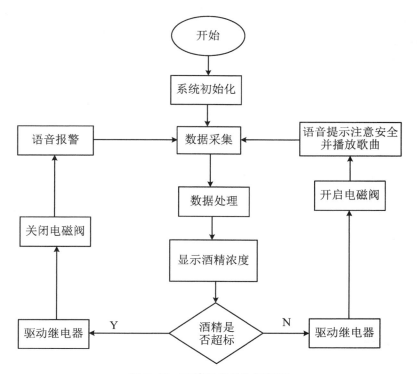

图 5.15 系统程序总体框架图

（2）程序清单：

```
//主函数
#include<reg52.h>
#include"lcd1602.h"
#include"pcf8591.h"
#include"WTV020.h"
sbit    SW = P2^7;        //油路控制
sbit    LED = P0^0;
#define SOS      40 //酒精浓度界限
#define SW_ON   0       //油路通路时的电平,和 SW_OFF 对应
#defineSW_OFF 1       //油路关闭时的电平,和 SW_ON 对应
void delay_ms(int ms)
{
    int i;
    while(ms--)
    {
        for(i=0;i<110;i++);
    }
}
main()
{
    unsigned char nongdu;
    LCD_Init();
    LCD_Clear();
    LCD_Disp_String(0,0,"NongDu:");
    while(1)
    {
        nongdu = Read_PCF8591(0,0);
        LCD_Disp_Byte_Dec(8,0,nongdu);
        if(nongdu>SOS)
        {
            Read_Voice(67);
            SW = SW_OFF;
            LED = 0;
        }
        else
        {
            SW = SW_ON;
            LED = 1;
        }
        delay_ms(100);
    }
}
```

LCD1602 模块：

```
#include <reg52.h>
#include"lcd1602.h"

//管脚定义
sbit LCD_RS = P2^2;
sbit LCD_RW = P2^1;
sbit LCD_EN = P2^0;

#define LCD_DATE P1

//等待函数
void delay_LCD(unsigned int z)
{
    unsigned int x,y;
    for(x = z;x>0;x--)
        for(y = 110;y>0;y--);
}

//LCD 写命令
void LCD_write_com(unsigned char com)
{   LCD_RW = 0;
    LCD_RS = 0;
    LCD_EN = 0;
    LCD_DATE = com;
    delay_LCD(1);
    LCD_EN = 1;
    delay_LCD(1);
    LCD_EN = 0;
}

//LCD 写数据
void LCD_write_date(unsigned char date)
{
    LCD_RS = 1;
    LCD_EN = 0;
    LCD_RW = 0;
    LCD_DATE = date;
    delay_LCD(1);
    LCD_EN = 1;
    delay_LCD(1);
    LCD_EN = 0;
}
```

```
//初始化
void LCD_Init()
{
    LCD_EN = 0；
    //屏幕初始化
    LCD_write_com(0x38)；
    LCD_write_com(0x0c)；
    LCD_write_com(0x06)；
    LCD_write_com(0x01)；
    delay_LCD(1)；
}
//清屏
void LCD_Clear()
{
    LCD_write_com(0x01)；
    delay_LCD(1)；
}
//显示一个 ASCII 字符
void LCD_Disp_Char(unsigned char x,unsigned chary,unsigned char dat)
{
    unsigned char address；
    if(y = = 0)
        address = 0x80 + x；
    else
        address = 0xc0 + x；
    LCD_write_com(address)；
    LCD_write_date(dat)；
}
//显示一个字符串
void LCD_Disp_String(unsigned char x,unsigned char y,unsigned char ∗ dat)
{
    while( ∗ dat!  = '\0')LCD_Disp_Char(x + + ,y, ∗ dat + + )；
}
//显示 10 进制 0 - 255
void LCD_Disp_Byte_Dec(unsigned char x,unsigned char y,unsigned char dat)
{
    if(dat>99)
        LCD_Disp_Char(x + + ,y,dat/100 + '0')；
    else
        LCD_Disp_Char(x + + ,y,' ')；
    if(dat>9)
        LCD_Disp_Char(x + + ,y,dat/10%10 + '0')；
    else
```

```
        LCD_Disp_Char(x++,y,' ');
    LCD_Disp_Char(x++,y,dat%10+'0');
}
//显示 10 进制 0-65536
/* void LCD_Disp_Word_Dec(unsigned char x,unsigned char y,unsigned int dat)
{
    if(dat>9999)
        LCD_Disp_Char(x++,y,dat/10000+'0');
    else
        LCD_Disp_Char(x++,y,' ');
    if(dat>999)
        LCD_Disp_Char(x++,y,dat/1000%10+'0');
    else
        LCD_Disp_Char(x++,y,' ');
    if(dat>99)
        LCD_Disp_Char(x++,y,dat/100%10+'0');
    else
        LCD_Disp_Char(x++,y,' ');
    if(dat>9)
        LCD_Disp_Char(x++,y,dat/10%10+'0');
    else
        LCD_Disp_Char(x++,y,' ');
    LCD_Disp_Char(x++,y,dat%10+'0');
} */
```

WTV020 语音模块:

```
#include <reg52.h>
#include"WTV020.h"
sbit    rst=P0^3;
sbit    clk=P0^4;
sbit    sda=P0^5;
void delayms_Voice(uint z)
{
    uint x,y;
    for(x=z;x>0;x--)
        for(y=110;y>0;y--);
}
void delayus_Voice(uint z)
{
    uint x,y;
    for(x=z;x>0;x--)
        for(y=10;y>0;y--);
}
```

```
void Read_Voice(uint add)          //单片机刚上电的瞬间不可以驱动,要等待大约 1 s
{
    uchar i;
    EA = 0;
    rst = 1;clk = 1;sda = 1;
    rst = 0;
    delayms_Voice(5);              /* 复位延时 5 ms */
    rst = 1;
    clk = 0;
    delayms_Voice(2);
    for(i = 0;i<16;i + + )
        {
            clk = 0;
            if(add & 0x8000)
                sda = 1;
            else
                sda = 0;
                delayus_Voice(1);           /*  100 μs  */
            clk = 1;
            //delayus_Voice(1);   //加上此句,一段没播放完也可切换;
            add<< = 1;
        }
    sda = 1;rst = 1;clk = 1;
    EA = 1;
    delayms_Voice(180);//此句可以省略,出现如:while(1){Read_Voice(x);}的时候加上,就是连
续驱动,否则驱动不了。也可在主函数里加此延迟
}
```

PCF8591 模块:

```
# include <reg52. h>
# include <intrins. h>
sbit SDA = P0^2;
sbit SCL = P0^1;

# define delayNOP(); {_nop_();_nop_();_nop_();_nop_();};

bit    bdata SystemError = 0;                //从机错误标志位

/* * * * * * * * * * * * * * * * * * * * * * PCF8591 专用变量定义 * * * * * * * * *
* * * * * * * * * * * * * * */

# definePCF8591_WRITE 0x90 //0x9E
# definePCF8591_READ 0x91 //0x9F
```

```
unsigned char idata receivebuf[4];        //数据接收缓冲区

//－－－－－－－－－－－－－－－－－－－－－－－－－－－－－－
//－－－－－－－－－－－－－－－－－－－－－－－－－－－
//函数名称:iic_start()
//函数功能:启动 I2C 总线子程序
//－－－－－－－－－－－－－－－－－－－－－－－－－－－－－－
//－－－－－－－－－－－－－－－－－－－－－－－－－－－
void iic_start(void)
{ //时钟保持高,数据线从高到低一次跳变,I2C 通信开始
    SDA = 1;
    SCL = 1;
    delayNOP();        //延时 5 μs
    delayNOP();
    SDA = 0;
    delayNOP();
    delayNOP();
    SCL = 0;
}
//－－－－－－－－－－－－－－－－－－－－－－－－－－－－－－
//－－－－－－－－－－－－－－－－－－－－－－－－－－－
//函数名称:iic_stop()
//函数功能:停止 I2C 总线数据传送子程序
//－－－－－－－－－－－－－－－－－－－－－－－－－－－－－－
//－－－－－－－－－－－－－－－－－－－－－－－－－－－
void iic_stop(void)
{
    SDA = 0;    //时钟保持高,数据线从低到高一次跳变,I2C 通信停止
    SCL = 1;
    delayNOP();
    delayNOP();
    SDA = 1;
    delayNOP();
    delayNOP();
    SCL = 0;
}
//－－－－－－－－－－－－－－－－－－－－－－－－－－－－－－
//－－－－－－－－－－－－－－－－－－－－－－－－－－
//函数名称:iicInit_()
//函数功能:初始化 I2C 总线子程序
//－－－－－－－－－－－－－－－－－－－－－－－－－－－－－－
//－－－－－－－－－－－－－－－－－－－－－－－－－－
void iicInit(void)
    {
```

```
        SCL = 0;
        iic_stop();
        }
    //---------------------------------------------------------------
    //-------------------------------------
    //函数名称:slave_ACK
    //函数功能:从机发送应答位子程序
    //---------------------------------------------------------------
    //-------------------------------------
    void slave_ACK(void)
    {
        SDA = 0;
        SCL = 1;
        delayNOP();
        delayNOP();
        SCL = 0;
        delayNOP();
        delayNOP();
    }
    //---------------------------------------------------------------
    //-------------------------------------
    //函数名称:slave_NOACK
    //函数功能:从机发送非应答位子程序,迫使数据传输过程结束
    //---------------------------------------------------------------
    //-------------------------------------
    void slave_NOACK(void)
    {
        SDA = 1;
        SCL = 1;
        delayNOP();
        delayNOP();
        SDA = 0;
        SCL = 0;
        delayNOP();
        delayNOP();
    }
    //---------------------------------------------------------------
    //-------------------------------------
    //函数名称:check_ACK
    //函数功能:主机应答位检查子程序,迫使数据传输过程结束
    //---------------------------------------------------------------
    //-------------------------------------
    void check_ACK(void)
    {
```

```
        SDA = 1;          //将 p1.1 设置成输入,必须先向端口写 1
        SCL = 1;
        F0 = 0;
        delayNOP();
        delayNOP();
        delayNOP();
        delayNOP();
        delayNOP();
        delayNOP();
        delayNOP();
        delayNOP();
        delayNOP();
        delayNOP();
        if(SDA = = 1)      //若 SDA=1 表明非应答,置位非应答标志 F0
            F0 = 1;
        SCL = 0;
        delayNOP();
        delayNOP();
    }
    //- - - - - - - - - - - - - - - - - - - - - - - - - - - - - - - - -
- - - - - - - - - - - - - - - - - - - - - - -
    //函数名称:IICSendByte
    //入口参数:ch
    //函数功能:发送一个字节
    //- - - - - - - - - - - - - - - - - - - - - - - - - - - - - - - - -
- - - - - - - - - - - - - - - - - - - - - - -
    void IICSendByte(unsigned char ch)

    {
        unsigned char    n=8;      // 向 SDA 上发送一位数据字节,共八位

        while(n- -)
        {
        if((ch&0x80) = = 0x80)       //若要发送的数据最高位为 1 则发送位 1
            {
                SDA = 1;      // 传送位 1
                SCL = 1;
                delayNOP();
                delayNOP();
            //SDA = 0;
                SCL = 0;
                delayNOP();
                delayNOP();
            }
```

```
                else
                {
                    SDA = 0;      // 否则传送位 0
                    SCL = 1;
                    delayNOP();
                    delayNOP();
                    SCL = 0;
                    delayNOP();
                    delayNOP();
                }
                ch = ch<<1;      // 数据左移一位
            }
        }
    //----------------------------------------
    //----------------------------
    //函数名称:IICreceiveByte
    //返回接收的数据
    //函数功能:接收一字节子程序
    //----------------------------------------
    //----------------------
    unsigned char IICreceiveByte(void)
    {
        unsigned char  n=8;       // 从 SDA 线上读取一上数据字节,共八位
        unsigned char tdata=0;
        while(n--)
        {
            SDA = 1;
            SCL = 1;
            tdata =tdata<<1;      //左移一位
            if(SDA == 1)
                tdata = tdata|0x01;    // 若接收到的位为1,则数据的最后一位置1
            else
                tdata = tdata&0xfe;    // 否则数据的最后一位置 0
            SCL = 0;
            delayNOP();
            delayNOP();
        }

        return(tdata);
    }
    //----------------------------------------
    //----------------------------
    //函数名称:DAC_PCF8591
    //入口参数:ID 从机地址,w_data 要发送的数据
```

```
//函数功能:发送 n 位数据子程序
//－－－－－－－－－－－－－－－－－－－－－－－－－－－－－
－－－－－－－－－－－－－－－－－－－－－－－
void DAC_PCF8591(unsigned char ID,unsigned char w_data)
{

    iic_start();                        //启动 I2C
    delayNOP();

    IICSendByte(PCF8591_WRITE|(ID<<1));      // 发送地址位
    check_ACK();                        //检查应答位
    if(F0 == 1)
    {
        SystemError = 1;
        return;                         // 若非应答,置错误标志位
    }
    IICSendByte(0x40);//Control byte
    check_ACK();                        //检查应答位

    if(F0 == 1)
    {
        SystemError = 1;
        return;                         // 若非应答,置错误标志位
    }
    IICSendByte(w_data);            //data byte
    check_ACK();                        //检查应答位
    if(F0 == 1)
    {
        SystemError = 1;
        return;     // 若非应答表明器件错误或已坏,置错误标志位 SystemError
    }
    iic_stop();          //全部发完则停止
    delayNOP();
    delayNOP();
    delayNOP();
    delayNOP();
}
//－－－－－－－－－－－－－－－－－－－－－－－－－－－－－
－－－－－－－－－－－－－－－－－－－－－
//函数名称:ADC_PCF8591
//入口参数:ID 从机地址
//函数功能:连续读入 4 路通道的 A/D 转换结果到 receivebuf
//－－－－－－－－－－－－－－－－－－－－－－－－－－－－－
－－－－－－－－－－－－－－－－－－－－－
```

```
    void ADC_PCF8591(unsigned char ID)
{

    unsigned char idata receive_da,i=0,temp=0;

    iic_start();

    IICSendByte(PCF8591_WRITE|(ID<<1));//控制字
    check_ACK();
    if(F0 = = 1)
    {
        SystemError = 1;
        return;
    }


    IICSendByte(0x04);//控制字
    check_ACK();
    if(F0 = = 1)
    {
        SystemError = 1;
        return;
    }
    iic_start();                      //重新发送开始命令
    IICSendByte(PCF8591_READ|(ID<<1));//控制字
    check_ACK();
    if(F0 = = 1)
    {
        SystemError = 1;
        return;
    }


    IICreceiveByte();    //空读一次,调整读顺序
    slave_ACK();           //收到一个字节后发送一个应答位
    while(i<4)
    {
        receive_da = IICreceiveByte();
        receivebuf[i++] = receive_da;
        slave_ACK();         //收到一个字节后发送一个应答位
    }
    slave_NOACK();          //收到最后一个字节后发送一个非应答位
    iic_stop();
}
//－－－－－－－－－－－－－－－－－－－－－－－－－－－－－－－－－
－－－－－－－－－－－－－－－－－－－－－
    //－－－－－－－－－－－－－－－－－－－－－－－－－－－－－－－－－
```

```
– – – – – – – – – – – – – – – – – – – – – – –
void Write_PCF8591(unsigned char ID,unsigned char Pra)
{
    SystemError = 0;
    do{   //有错误,重新来
        iicInit();   //I2C 总线初始化
        DAC_PCF8591(ID,Pra); //D/A 输出
    }while(SystemError == 1);
}
unsigned char Read_PCF8591(unsigned char ID,unsigned char IO)
{
    SystemError = 0;
    do{   //有错误,重新来
        iicInit();   //I2C 总线初始化
        ADC_PCF8591(ID);
    }while(SystemError == 1);
    return receivebuf[IO];
}
```

拓展 6　雷达倒车系统设计

1. 设计目标

熟悉 STM32 单片机、MP3 模块和雷达测距系统的使用。

2. 设计思路

实现语音播报、实现声光报警、EEPROM 存储、超声波测距(最大误差不超过 5%)、TFT 液晶显示。MP3 模块和芯片之间采用串口通信协议,TFT 液晶屏和芯片之间采用的是 SPI 通信协议。

3. 使用材料

STM32 单片机,TFT 液晶屏,雷达。

4. 硬件连接图(图 5.16)

图 5.16 雷达倒车系统连接图

5. 演示程序

```c
#include "led. h"
#include "delay. h"
#include "key. h"
#include "sys. h"
#include "lcd. h"
#include "usart. h"
#include "flash. h"
#include "spi. h"
#include "beep. h"
#include "usart. h"
#include "Time_test. h"
#include "ultrasonic. h"

//LED B8 B9
u8 state = 0;
void showqq()
{
    u16 x,y;
    y = 40;
    x = 10;
    showimage(x,y);
}

voidSolidLine(u16 x1, u16 y1, u16 x2, u16 y2, u8 size){
```

```
    u8 n = 0;

    for(n = 0; n<size; n++){

        LCD_DrawRectangle(x1,y1,x2,y2);
        x1++;
        y1++;
        x2--;
        y2--;

    }
    delay_ms(20);
}

void xianshi()//显示信息
{

    CLR_Screen(BLACK);
    POINT_COLOR = CYAN;
    LCD_ShowString(8,15,200,12,16," Radar System    ");    //雷达系统
    POINT_COLOR = CYAN;
    SolidLine(0, 0, 128, 160, 12);
    POINT_COLOR = RED;
    LCD_ShowString(8,55,200,12,12," Distance：    ");
    LCD_ShowString(8,85,200,12,12," Set：    ");

}

void xianshi1()//显示信息
{
    CLR_Screen(BLACK);
    BACK_COLOR = BLACK;
    LCD_ShowString(8,15,200,12,16," Radar System    ");
    POINT_COLOR = CYAN;
    SolidLine(0, 0, 128, 160, 12);
    POINT_COLOR = RED;
    LCD_ShowString(8,55,200,12,12," Distance：      cm");
    LCD_ShowString(8,75,200,12,12," Set：        35cm");
    LCD_ShowString(8,95,200,12,12," Last_Dis：     cm");
}

int main(void)
{
    int flag = 0;
```

```
    u8 key=0;
    delay_init();            //延时函数初始化
    NVIC_Configuration();         //设置 NVIC 中断分组 2:2 位抢占优先级,2 位响应优先级
    uart_init(9600);           //串口初始化为 9600

    LED_Init();              //LED 端口初始化
    SPI_Flash_Init();            //初始化 Flash;
    KEY_Init();              //按键初始化
    BEEP_Init();
    BEEP = 1;              //蜂鸣器拉高,让它不叫
    SPI1_Init();             //SPI1 初始化
    LCD_Init();
    Ultrasonic_Config();//超声波端口初始化
    TIM2_Configuration();          //定时器初始化
    TIM2_NVIC_Configuration();

    BACK_COLOR=WHITE;
    POINT_COLOR=BLACK;
    LCD_ShowString(5,45,200,16,16,"System init...");
    delay_ms(9000);
  /***********************************************************
****************************/
    CLR_Screen(BLACK);
    POINT_COLOR=CYAN;
    LCD_ShowString(8,15,200,12,16," Radar System   ");
    POINT_COLOR=CYAN;
    SolidLine(0, 0, 128, 160, 12);
    POINT_COLOR=RED;
    BACK_COLOR=BLACK;
    LCD_ShowString(8,55,200,12,12," Distance:     cm");
    LCD_ShowString(8,75,200,12,12," Set:        35cm");
    LCD_ShowString(8,95,200,12,12," Last_Dis:     cm");
  /***********************************************************
*************************/
    Uart_SendCMD(0x03 , 0 , 1);      //欢迎使用
    LED2 = 0;
    while(1)
    {
        Ultrasonic_Measure();//超声波测距
        key=KEY_Scan(0);//扫描按键

        if(key)
        {
```

```
        switch(key)
        {
                case KEY1_PRES：
                flag++；
                if(flag%2){
                        CLR_Screen(CYAN)；
                        POINT_COLOR = BLUE；
                        BACK_COLOR = CYAN；
                            showhanzi16(60,128,0)；
                        showhanzi16(80,128,1)；
                        LCD_ShowString(5,85,200,12,12,″ Technical support：  ″)；
                        LCD_ShowString(45,115,200,12,12,″ 1608431016″)；
                        LCD_ShowString(50,147,200,12,12,″ 2018－5－21″)；
                        LCD_Fill(0,0,20,20,RED)；
                        showqq()；
                }
                else
        xianshi1()；
                break；
            }
        }
    }
}
```

拓展 7　步进电机实验

1．目的与要求

（1）了解步进电机的基本原理,掌握步进电机的转动编程方法。

（2）了解影响电机转速的因素有哪些。

2．设备与器材

STAR 系列实验仪一套、PC 机一台。

3．内容

编写程序:使用 G5 区的键盘控制步进电机的正反转、调节转速,连续转动或转动指定步数;将相应的数据显示在 G5 区的数码管上。

4．控制原理

步进电机的驱动原理是通过它每相线圈中电流的顺序切换来使电机作步进式旋转,驱动电路由脉冲来控制,所以调节脉冲的频率便可改变步进电机的转速,微控制器最适合控制步进电机。另外,由于电机的转动惯量的存在,其转动速度还受驱动功率的影响,当脉冲的频率大于某一数值(本实验为 $f > 100\ \mathrm{Hz}$)时,电机便不再转动。

实验电机共有四个相位(A,B,C,D),按转动步骤可分单 4 拍(A→B→C→D→A),双 4

拍(AB→BC→CD→DA→AB)和单双 8 拍(A→AB→B→BC→C→CD→D→DA→A)。

5. 原理图(图 5.17)

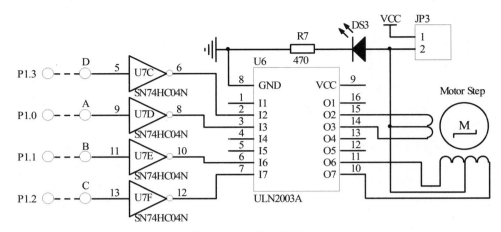

图 5.17　步进电机接口

6. 步骤

(1) 主机连线说明：

E1 区：A、B、C、D——A3 区：P1.0、P1.1、P1.2、P1.3。

E5 区：CLK——B2 区：2M。

E5 区：CS、A0——A3 区：CS5、A0。

E5 区：A、B、C、D——G5 区：A、B、C、D。

(2) 调试程序，查看运行结果是否正确。

7. 程序

	NAME	MAIN	;定义模块名
EXTRN			;8279.ASM 中定义的子程序。
CODE(INIT8279,SCAN_KEY,Display8)			
MAIN_CODE	SEGMENT	CODE	
MAIN_BIT	SEGMENT	BIT	
MAIN_DATA	SEGMENT	DATA	
STACK	SEGMENT	IDATA	
RSEG	MAIN_DATA		
StepControl:	DS	1	;下一次送给步进电机的值
buffer:	DS	8	;显示缓冲区,8 个字节
SpeedNo:	DS	1	;选择哪一级速度
StepDelay:	DS	1	;转动一步后,延时常数

;如果选择的速度快于启动速度,延时由长到短,最终使用对应的延时常数

StartStepDelay:	DS	1	
StartStepDelay1:	DS	1	;StartStepDelay
RSEG	MAIN_BIT		
bFirst:	DBIT	1	;有没有转动过步进电机
bClockwise:	DBIT	1	;=1 顺时针方向,=0 逆时针方向转动

```
bNeedDisplay:    DBIT       1                        ;已转动一步,需要显示新步数
RSEG             STACK
                 DS         20H                      ;32 Bytes Stack
CSEG             AT         0000H                    ;定位 0
                 LJMP       STAR
CSEG             AT         000BH
                 LJMP       TIMER0
RSEG             MAIN_CODE
STAR:            MOV        SP,#STACK-1
                 ACALL      INIT8279
                 SETB       bFirst
                 SETB       bClockwise
                 MOV        StepControl,#33H;  下一次送给步进电机的值
                 MOV        SpeedNo,#5
                 MOV        TMOD,#02H
                 MOV        TH0,#55
                 MOV        TL0,#55      ;200 μs 延时
                 MOV        IE,#82H
                 MOV        Buffer+7,#0
                 MOV        buffer+6,#0
                 MOV        buffer+5,#0
                 MOV        buffer+4,#0
                 MOV        buffer+3,#10H
                 MOV        buffer+2,SpeedNo
                 MOV        buffer+1,#10H
                 MOV        buffer,#0
STAR2:           MOV        R0,#buffer
                 ACALL      Display8
STAR3:           ACALL      Scan_Key
                 JC         STAR5
                 JNB        bNeedDisplay,STAR3
                 CLR        bNeedDisplay
                 ACALL      Step_SUB_1
                 SJMP       STAR2
STAR5:           CLR        TR0          ;终止步进电机转动
                 CJNE       A,#10,$ +3
                 JNC        STAR1
                 MOV        buffer+4,buffer+5
                 MOV        buffer+5,buffer+6
                 MOV        buffer+6,buffer+7
                 MOV        Buffer+7,A
                 SJMP       STAR2
STAR1:           CJNE       A,#14,$ +3
                 JNC        STAR3
```

```
                MOV     DPTR,#DriverTab
                CLR     C
                SUBB    A,#10
                RL      A
                JMP     @A+DPTR
DriverTab:      SJMP    Direction       ;转动方向
                SJMP    Speed_up        ;提高转速
                SJMP    Speed_Down      ;降低转速
                SJMP    Exec            ;步进电机根据方向、转速、步数开始转动
Direction:      CPL     bClockwise
                JB      bClockwise,Clockwise
                MOV     buffer,#1
AntiClockwise:  JNB     bFirst,AntiClockwise1
                MOV     StepControl,#91H
                SJMP    Direction1
AntiClockwise1: MOV     A,StepControl
                RR      A
                RR      A
                MOV     StepControl,A
                SJMP    Direction1
Clockwise:      MOV     buffer,#0
                JNB     bFirst,Clockwise1
                MOV     StepControl,#33H
                SJMP    Direction1
Clockwise1:     MOV     A,StepControl
                RL      A
                RL      A
                MOV     StepControl,A
Direction1:     SJMP    STAR2
Speed_up:       MOV     A,SpeedNo
                CJNE    A,#11,Speed_up1
                SJMP    Speed_up2
Speed_up1:      INC     SpeedNo
                MOV     buffer+2,SpeedNo
Speed_up2:      SJMP    STAR2
Speed_Down:     MOV     A,SpeedNo
                JZ      Speed_Down1
                DEC     SpeedNo
                MOV     buffer+2,SpeedNo
Speed_Down1:    SJMP    STAR2
Exec:           CLR     bFirst
                ACALL   TakeStepCount
                MOV     DPTR,#StepDelayTab
                MOV     A,SpeedNo
```

```
                MOVC    A,@A+DPTR
                MOV     StepDelay,A
                CJNE    A,#50,$ +3
                JNC     Execl
                MOV     A,#50
Execl:          MOV     StartStepDelay,A
                MOV     StartStepDelay1,A
                SETB    TR0
                AJMP    STAR2
StepDelayTab:   DB      250,125,83,62,50,42,36,32,28,25,22,21
TIMER0:         PUSH    ACC
                DJNZ    StartStepDelay,TIMER0_1
                MOV     A,StartStepDelay1
                CJNE    A,StepDelay,TIMER0_5
                SJMP    TIMER0_2
TIMER0_5:       DEC     A
                MOV     StartStepDelay1,A
TIMER0_2:       MOV     StartStepDelay,A
                MOV     A,StepControl
                CPL     A
                MOV     P1,A
                CPL     A
                JB      bClockwise,TIMER0_3
                RR      A
                SJMP    TIMER0_4
TIMER0_3:       RL      A
TIMER0_4:       MOV     StepControl,A
                MOV     A,R6
                ORL     A,R7
                JZ      TIMER0_1
                SETB    bNeedDisplay
                DJNZ    R7,TIMER0_1
                DJNZ    R6,TIMER0_1
                CLR     TR0
TIMER0_1:       POP     ACC
                RETI
Step_SUB_1:     MOV     R5,#4
                MOV     R0,#buffer+7
Step_SUB_1_1:   MOV     A,@R0
                DEC     @R0
                JNZ     Step_SUB_1_2
                MOV     @R0,#9
                DEC     R0
                DJNZ    R5,Step_SUB_1_1
```

Step_SUB_1_2：	RET		
TakeStepCount：	MOV	A,buffer+4	;转动步数送入 R6R7
	MOV	B,♯10	
	MUL	AB	
	ADD	A,buffer+5	
	MOV	B,♯10	
	MUL	AB	
	ADD	A,buffer+6	
	MOV	R7,A	
	MOV	A,B	
	ADDC	A,♯0	
	MOV	B,♯10	
	MUL	AB	
	XCH	A,R7	
	MOV	B,♯10	
	MUL	AB	
	XCH	A,B	
	ADD	A,R7	
	XCH	A,B	
	ADD	A,buffer+7	
	MOV	R7,A	
	MOV	A,B	
	ADDC	A,♯0	
	MOV	R6,A	
	CJNE	R7,♯0,TakeStepCount1	
	RET		
TakeStepCount1：	INC	R6	;低位不为 0,则高位加一,因循环时,会多减一
	RET		
	END		

8. 扩展及思考

(1) 怎样改变电机的转速？

(2) 通过实验找出电机转速的上限,如何能进一步提高最大转速？

拓展 8　直流电机测速实验

1. 目的与要求

了解直流电机工作原理；了解光电开关的原理；掌握使用光电开关测量直流电机转速。

2. 设备与器材

STAR 系列实验仪一套、PC 机一台。

3．内容

（1）转速测量原理：本转速测量实验采用反射式光电开关，通过计数转盘记录光电开关产生的脉冲，计算出转速。

（2）反射式光开关工作原理：光电开关发射光，射到测量物体上，如果强反射，如图 5.18 所示，光电开关接收到反射回来的光，则产生高电平 1；弱反射，如图 5.19 所示，光电开关接收不到反射回来的光，则产生低电平 0。

（3）实验方法：本实验转速测量用的转盘在下表面做成如图 5.20 所示的转盘，白色部分为强反射区，黑色部分为弱反射区，转盘每转一圈，产生 4 个脉冲，每 1/4 秒计数出脉冲数，即得到每秒的转速。（演示程序中，LED 显示的是每秒钟转速）

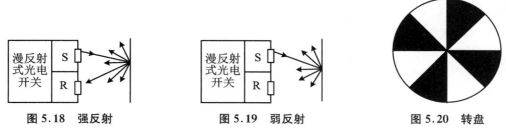

图 5.18　强反射　　　　　图 5.19　弱反射　　　　　图 5.20　转盘

其实验过程如下：

① 由 DAC0832 输出电压经功率放大后给电机供电，使用光电开关，测量电机转速，再经调整，最终将转速显示在 LED 上。

② 通过按键调节电机转速，随之变化的转速动态显示 LED 上。

4．原理图（图 5.21）

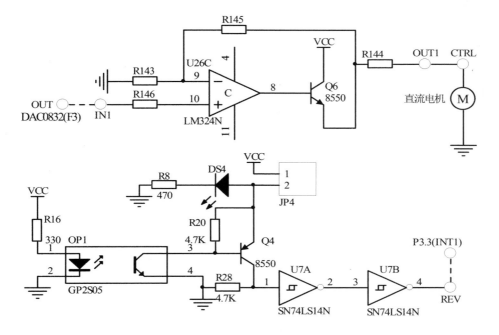

图 5.21　转速测量

5. 步骤

(1) 主机连线说明：

F3 区：CS——A3 区：CS1。

F3 区：OUT——E2 区：IN1。

E2 区：OUT1——F1：CTRL。

F1 区：REV——A3 区：P3.3(INT1)。

E5 区：CS、A0——A3 区：CS5、A0。

E5 区：CLK——B2 区：2M。

E5 区：A、B、C、D——G5 区：A、B、C、D。

(2) 由 DAC0832 输出电压经功率放大后驱动直流电机，通过单片机的计数器，计数光电开关通断次数并经过换算得出直流电机的转速，并将转速显示在 LED 上。

(3) G5 区的 0、1 号按键控制直流电机转速快慢(最大转速≈96 r/s,5 V,误差±1 r/s)。

6. 程序

VoltageOffset	EQU	5	;0832 调整幅度
buffer	DATA	30H	;需要 8 个字节的显示缓冲器
VOLTAGE	DATA	38H	;转换电压数字量
Count	DATA	3AH	;一秒转动次数
NowCountL	DATA	3BH	;计数
NowCountH	DATA	3CH	
kpTL1	DATA	3DH	;保存上一次定时器 1 的值
kpTH1	DATA	3EH	
DAC0832AD	XDATA	0F000H	;DAC0832 片选地址
EXTRN	CODE(GetKeyA,Display8)		
CSEG	AT	0000H	;定位 0
	LJMP	START	
CSEG	AT	000BH	;用于定时
	LJMP	TIME0	
CSEG	AT	0013H	
	LJMP	iINT1	;光电开关产生脉冲,触发中断
CSEG	AT	0100H	
START:	MOV	SP,#60H	
	LCALL	MainINIT	;初始化
MAIN:	LCALL	GetKeyA	;按键扫描
	JNC	Main1	
	JNZ	Key1	
Key0:	MOV	A,#VoltageOffset	;0 号键按下,转速提高
	ADD	A,VOLTAGE	
	CJNE	A,VOLTAGE,$+3	
	JNC	Key0_1	
	MOV	A,#0FFH	;最大
Key0_1:	MOV	VOLTAGE,A	
	LCALL	DAC	;D/A
	SJMP	Main1	

Key1：	MOV	A, VOLTAGE	;1 号键按下,转速降低
	CLR	C	
	SUBB	A, #VoltageOffset	
	JNC	Key1_1	
	CLR	A	;最小
Key1_1：	MOV	VOLTAGE, A	
	LCALL	DAC	;D/A
Main1：	JNB	F0, MAIN	;F0＝1,定时标志,刷新转速
	CLR	F0	
	LCALL	RateTest	;计算转速/显示
	JMP	MAIN	;循环进行实验内容介绍与测速功能测试

;主程序初始化

MainINIT：	CLR	F0	;清除转速标志
	MOV	VOLTAGE, #99H	;初始化转换电压输入值,99H－3.0 V
	MOV	A, VOLTAGE	
	LCALL	DAC	;初始化 D/A

;定时器/计数器初始化

	MOV	TMOD, #11H	;开定时器 0:定时方式 1,定时器 1:定时方式 1
	MOV	R4, #5 * 4	;定时 5×50×4 ms
	MOV	TL0, #0D4H	;初始化定时器 0,定时 50 ms(11.0592 MHz)
	MOV	TH0, #4BH	
	MOV	TL1, #00H	;初始化器定时 1
	MOV	TH1, #00H	
	MOV	kpTL1, #00H	;保存上一次定时器 1 的值
	MOV	kpTH1, #00H	
	MOV	NowCountL, #0	;计数器
	MOV	NowCountH, #0	
	SETB	TR0	;开始定时
	SETB	TR1	;开始定时
	SETB	ET0	;开定时器 0 中断
	SETB	EX1	;开外部中断 1
	SETB	IT1	;边沿触发
	SETB	EA	;允许中断
	RET		

;定时器 0 中断服务程序

TIME0：	PUSH	ACC	
	MOV	TL0, #0D5H	;产生 0.25 s 的定时(采用晶振 11.0592 MHz)
	MOV	TH0, #4BH	
	DJNZ	R4, TIMER0_1	
	SETB	F0	;0.25 * 4 s 间隔标志 F0
	MOV	R4, #5 * 4	
	MOV	A, NowCountL	
	RR	A	
	RR	A	

```
            ANL     A,#3FH
            MOV     Count,A
            MOV     A,NowCountH
            RR      A
            RR      A
            ANL     A,#0C0H
            ORL     Count,A        ;转一圈,产生四个脉冲,Count = NowCount/4
            MOV     NowCountL,#0
            MOV     NowCountH,#0
TIMER0_1:   POP     ACC
            RETI
iINT1:      PUSH    PSW            ;光电开关产生脉冲,触发中断
            PUSH    ACC
            CLR     TR1
            MOV     A,TL1
            CLR     C
            SUBB    A,kpTL1
            MOV     kpTL1,A
            MOV     A,TH1
            SUBB    A,kpTH1
            JNZ     iINT1_1
            MOV     A,kpTL1
            CJNE    A,#30H,$+3
            JC      iINT1_2        ;过滤干扰脉冲
iINT1_1:    INC     NowCountL
            MOV     A,NowCountL
            JNZ     iINT1_3
            INC     NowCountH
iINT1_3:    MOV     kpTL1,TL1
iINT1_2:    MOV     kpTH1,TH1
            SETB    TR1
            POP     ACC
            POP     PSW
            RETI
;转速测量/显示
RateTest:   MOV     A,Count
            MOV     B,#10
            DIV     AB
            JNZ     RateTest1
            MOV     A,#10H         ;高位为0,不需要显示
RateTest1:  MOV     buffer+1,A
            MOV     buffer,B
            MOV     A,VOLTAGE      ;给0832输入数据
            ANL     A,#0FH
```

```
            MOV        buffer + 4,A
            MOV        A,VOLTAGE
            ANL        A,♯0F0H
            SWAP       A
            MOV        buffer + 5,A
            MOV        buffer + 2,♯10H      ;不显示
            MOV        buffer + 3,♯10H
            MOV        buffer + 6,♯10H
            MOV        buffer + 7,♯10H
            MOV        R0,♯buffer
            LCALL      Display8              ;显示转换结果
            RET
;数模转换,A-转换数字量
DAC:        MOV        DPTR,♯DAC0832AD
            MOVX       @DPTR,A
            RET
            END
```

7．扩展及思考题

实验内容：在日光灯或白炽灯下,将转速调节到 25、50、75,观察转盘有什么现象。

拓展 9　ISD1420 语音播放

1．目的与要求

了解 ISD1420 的性能与单片机的接口逻辑;掌握手动和 MCU 控制两种录音、放音的基本功能。

2．设备与器材

STAR 系列实验仪一套、PC 机一台、ISD1420 语音模块。

3．内容

（1）ISD1420 语音模块（B1 区）：① 录放 20 s 长度的音频,具有不掉电存储功能;② 可分 1～160 段录放音片段。

（2）具体操作：

① 手动控制方式,通过 B1 区按键 REC 录音和按键 PLAYE、PLAYL 放音。

② MCU 控制方式,通过 G6 区 8 个按键控制录、放音:1～4 号键录音各 5 s;然后通过 5～8 号键放音,放音内容顺序对应 1～4 号键的录音内容。

4．原理图

原理图见图 5.22。

5．步骤

（1）主机连线说明。

STAR ES598PCI：

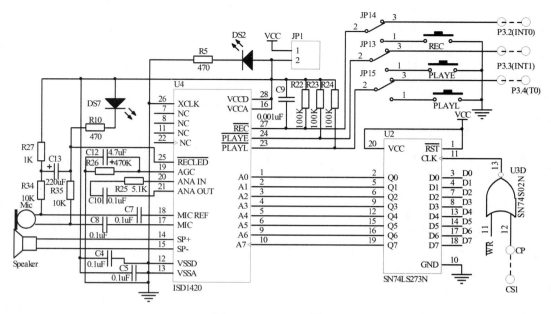

图 5.22　ISD1420 接口

B1 区:REC——A3 区:P3.2(INT0) 录音控制。

B1 区:PLAYE——A3 区:P3.3(INT1) 电平放音控制。

B1 区:PLAYL——A3 区:P3.4(T0) 触发放音控制,下降沿触发。

B1 区:CP——A3 区:CS1。

G6 区:JP74——A3 区:JP51(P1 口)。

STAR ES59PA:

B1 区:REC——A3 区:P3.2(INT0) 录音控制。

B1 区:PLAYE——A3 区:P3.3(INT1) 电平放音控制。

B1 区:PLAYL——A3 区:P3.4(T0) 触发放音控制,下降沿触发。

B1 区:JP107——B3 区:JP66。

B3 区:CS_273——A3 区:CS1。

G6 区:JP74——A3 区:JP51(P1 口)。

(2) 将 JP13,JP14,JP15 跳向"MANUAL",即手动录、放音。三个控制按键(在 B1 区左边)REC(录音)、PLAYE(电平放音)和 PLAYL(边沿放音)控制录音和放音。

(3) 将 JP13,JP14,JP15 跳向"MCU",单片机控制,运行演示程序,1~4 号键录音,5~8 号键放音。

6. 程序

(1) ISD1420 子程序(ISD1420.ASM):

REC	BIT	P3.2	;录音接口
PLAYE	BIT	P3.3	;电平触发放音接口
PLAYL	BIT	P3.4	;边沿触发放音接口
ISDCOMM	XDATA	0F000H	;录放音地址/操作模式输入地址
ISD_INIT:	SETB	REC	;语音模块初始化,关闭录放音功能
	SETB	PLAYE	

```
                SETB        PLAYL
                MOV         DPTR,# ISDCOMM
                CLR         A
                MOVX        @DPTR,A              ;允许手动操作,当 A6,A7 为高时,无法
                                                  手动操作

                RET
;操作模式,A-操作模式设置值
ISD_MODE:       PUSH        ACC
                LCALL       ISD_STOP             ;语音初始化,置位 REC,PLAYE,PLAYL,
                                                  并设置操作模式
                MOV         DPTR,# ISDCOMM       ;设置操作模式:分段录音
                POP         ACC
                MOVX        @DPTR,A              ;设置操作模式命令(在 A 中)
                CLR         PLAYL                ;给一个上升沿,锁存命令
                NOP
                NOP
                NOP
                SETB        PLAYL
                RET
;录音
ISD_REC:        MOV         DPTR,# ISDCOMM       ;设置录音起始地址
                MOVX        @DPTR,A
                CLR         REC                  ;REC 变低,即开始录音
                RET
;放音子程序
;A--放哪段音
ISD_PLAY:       PUSH        ACC
                CALL        ISD_STOP             ;暂停之前的录放音操作
                POP         ACC
                MOV         DPTR,# ISDCOMM       ;设置放音起始地址
                MOVX        @DPTR,A
                CLR         PLAYE                ;开始放音,边沿放音模式
                NOP
                SETB        PLAYE
                RET
;停止录放音
ISD_STOP:       CLR         PLAYL                ;一个负脉冲停止放音
                NOP
                SETB        PLAYL
                LCALL       Delay50ms
                SETB        REC                  ;关闭所有操作指令
                SETB        PLAYE
                MOV         DPTR,# ISDCOMM
                CLR         A
```

```
            MOVX        @DPTR,A             ;允许手动录放音,当 A6,A7 为高时,无
                                            法手动放音
            RET
```

(2) 主程序(MAIN.ASM):

```
ISD1420_AD1     EQU     00H                 ;1 号键录放音起始地址,每次录音 5 s
ISD1420_AD2     EQU     28H                 ;2 号键录放音起始地址
ISD1420_AD3     EQU     50H                 ;3 号键录放音起始地址
ISD1420_AD4     EQU     78H                 ;4 号键录放音起始地址
;(1) 录放音子程序
KEY1:           MOV     A,#ISD1420_AD1      ;录音首地址
                LJMP    KEY_REC
KEY2:           MOV     A,#ISD1420_AD2
                LJMP    KEY_REC
KEY3:           MOV     A,#ISD1420_AD3
                LJMP    KEY_REC
KEY4:           MOV     A,#ISD1420_AD4
                LJMP    KEY_REC
KEY_REC:        MOV     R7,#20              ;录音时间长度,5 s
                LCALL   ISD_REC             ;调用录音子程序
KEY_REC1:       LCALL   Delay_025S          ;延时
                JB      F0,KEY_REC2         ;检测按键是否有键按下
                DJNZ    R7,KEY_REC1         ;录音时间,根据 R7 的值决定
                LCALL   ISD_STOP            ;停止录音
KEY_REC2:       RET
(2) 放音子程序
KEY5:           MOV     A,#ISD1420_AD1      ;放音首地址
                LJMP    KEY_PLAY
KEY6:           MOV     A,#ISD1420_AD2
                LJMP    KEY_PLAY
KEY7:           MOV     A,#ISD1420_AD3
                LJMP    KEY_PLAY
KEY8:           MOV     A,#ISD1420_AD4
                LJMP    KEY_PLAY
KEY_PLAY:       MOV     R7,#20
                LCALL   ISD_PLAY            ;调用录音子程序
KEY_PLAY1:      LCALL   Delay_025S          ;用于进度显示的时间参照
                JB      F0,KEY_PLAY2        ;检测按键是否有键按下
                DJNZ    R7,KEY_PLAY1
KEY_PLAY2:      RET
```

7. 扩展及思考题

实验名称:公交车的报站功能。

实验内容:利用分段录音和放音控制,实现公交车的报站功能,有兴趣者可自行尝试。

拓展 10　CAN　通　信

1. 目的与要求

（1）了解 CAN 总线工作原理。

（2）掌握使用 SJA1000 进行 CAN 总线通信的方法。

2. 设备与器材

STAR 系列实验仪一套、PC 机一台、CAN2.0（SJA1000）模块两个。

3. 内容

（1）熟悉 SJA1000（图 5.23）。

① 与 CAN2.0B 协议兼容；两种工作模式：BasicCAN、PeliCAN。

② 位速率可达 1 Mb/s；64 字节 FIFO。

③ 支持热插拔；可替换 PCA82C200。

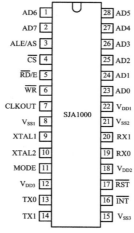

图 5.23　SJA1000 引脚图

AD0～AD7：地址/数据总线。

ALE：地址锁存使能端。

CS：片选。

CLKOUT：可编程时钟输出。

RD：读选通。

WR：写选通。

XTAL1、XTAL2：振荡频率输入。

MODE：1-Intel；0-Motolora。

$V_{DD}3$、$V_{SS}3$：驱动输出的电压源。

$V_{DD}2$、$V_{SS}2$：比较器电压源。

TX0：CAN 输出 0。

TX1：CAN 输出 1。

RX0、RX1：CAN 输入，输入到 CAN 的输入比较器。

INT：中断，低电平有效。

RST：复位，低电平有效。

$V_{DD}1$、$V_{SS}1$：逻辑电路的电压源。

（2）熟悉、理解 SJA1000 两种工作模式：BasicCAN、PeliCAN。

（3）熟悉、理解如何使用程序库 star51.lib 编写 CAN 通信程序。

（4）通过模块 1 向模块 2 循环发送 16 K 数据，如果正确接收，通过 P1.7，点亮 G6 区的指示灯。

4．步骤

（1）连线说明：

CAN 模块 1——B5 区。

A3 区：INT0——B5 区：CZ1－1(SJA1000 INT)。

A3 区：CS1——B5 区：CZ1－2(SJA1000 CS)。

A3 区：P1.1——B5 区：CZ1－3(TJA1050 S)。

A3 区：P1.0——B5 区：CS1－7(SJA1000 RST)。

CAN 模块 2——C6 区。

A3 区：INT1——C6 区：CZ2－1(SJA1000 INT)。

A3 区：CS2——C6 区：CZ2－2(SJA1000 CS)。

A3 区：P1.3——C6 区：CZ2－3(TJA1050 S)。

A3 区：P1.2——C6 区：CZ2－7(SJA1000 RST)。

A3 区：JP51——G6 区：JP65。

（2）使用星研集成环境软件，打开 CAN 中项目（CAN.PRV）。

（3）编译、连接后，运行，传送正确，P1.7 对应的指示灯亮；传送错误，P1.7 对应的指示灯熄灭。

5．程序

```
#include "reg52.h"
#include "SJA1000.h"        //SJA1000 常量、数据结构的定义
#include "can.h"            //库文件中有关 CAN 通信的函数、变量说明

sbitResetCan1 = P1^0；          //复位 CAN1
sbitS_Can1 = P1^1；            //选择高速通信
sbitResetCan2 = P1^2；          //复位 CAN2
sbitS_Can2 = P1^3；            //选择高速通信
sbitbCanOK = P1^7             //0～通信正确，1～错误
xdata uchar can_cs1 _at_ 0xf000；       //CAN1 基地址
xdata uchar can_cs2 _at_ 0xe000；       //CAN2 基地址
#if defined (PeliCANMode)        //PeliCAN mode
code const uchar can1_FrameInfo_ACR[5] = {SFF_FRAMEINFO, ClrByte, ClrByte, ClrByte,
ClrByte}；
code const uchar can2_FrameInfo_ACR[5] = {SFF_FRAMEINFO, ClrByte, ClrByte, ClrByte,
ClrByte}；
code const uchar can1_AMR[4] = {DontCare, DontCare, DontCare, DontCare}；
code const uchar can2_AMR[4] = {DontCare, DontCare, DontCare, DontCare}；
#else                //BasicCAN mode
code const uchar can1_FrameInfo_ACR[1] = {ClrByte}；
code const ucharcan2_FrameInfo_ACR[1] = {ClrByte}；
```

```
    code const uchar can1_AMR[1] = {DontCare};
    code const uchar can2_AMR[1] = {DontCare};
    #endif

struct   TRANSMIT_STRUCT transmit_struct, * pTransmit;//发送结构
struct   RECEIVE_STRUCT  receive_struct;                //接收结构
xdatauchar TransmitBuffer[0x4000] _at_ 0x2000;            //16 K 发送数据区
void delay()                            //复位延时
{
    int i;
    for (i = 0; i < 0x7fff; i++)
    {
    }
}
main()
{
    int length, length1;
    bit bTRUE;                          //接收正确标志
    uchar cLength;                      //接收一帧数据的长度

    ResetCan1 = 0;                      //复位
    ResetCan2 = 0;
    delay();
    ResetCan1 = 1;
    ResetCan2 = 1;
    S_Can1 = 0;                         //高速
    S_Can2 = 0;

//初始化 SJA1000
#if defined (PeliCANMode)
    pCS_SJA1000 = &can_cs1;                         //初始化 CAN1

    init_SJA1000(
//CDR 选择 PeliCAN Mode,旁路输入比较器,关闭 CLKOUT
            CANMode_Bit | CBP_Bit | ClkOff_Bit,
            can1_FrameInfo_ACR + 1,
            can1_AMR,                   //every identifier is accepted
//bit-rate : 100 kBit/s ,oscillator frequency : 16 MHz, 1,0%
//maximum tolerated propagation delay : 4450 ns ,minimum requested propagation delay : 500 ns
            0x41,0x1c,
//configure CAN outputs: float on TX1, Push/Pull on TX0, normal output mode
            Tx1Float | Tx0PshPull | NormalMode);
    pCS_SJA1000 = &can_cs2;                         //初始化 CAN2
    init_SJA1000(
```

```
//CDR 选择 PeliCAN Mode,旁路输入比较器,关闭 CLKOUT
              CANMode_Bit | CBP_Bit |ClkOff_Bit,
              can2_FrameInfo_ACR + 1,
              can2_AMR,///* every identifier is accepted */
//bit-rate : 100 kBit/s ,oscillator frequency : 16 MHz, 1,0%
//maximum tolerated propagation delay : 4450 ns ,minimum requested propagation delay : 500 ns
              0x41,0x1c,
//configure CAN outputs: float on TX1, Push/Pull on TX0, normal output mode
              Tx1Float | Tx0PshPull | NormalMode);
#else /* BasicCAN mode */
    pCS_SJA1000 = &can_cs1;
    init_SJA1000(
//CDR 选择 BasicCAN Mode,旁路输入比较器,关闭 CLKOUT
              CBP_Bit | ClkOff_Bit,
              can1_FrameInfo_ACR,
              can1_AMR,      //every identifier is accepted
//bit-rate : 100 kBit/s ,oscillator frequency : 16 MHz, 1,0%
//maximum tolerated propagation delay : 4450 ns ,minimum requested propagation delay : 500 ns
              0x41,0x1c,
//configure CAN outputs: float on TX1, Push/Pull on TX0, normal output mode
              Tx1Float | Tx0PshPull | NormalMode);
    pCS_SJA1000 = &can_cs2;
    init_SJA1000(
//CDR 选择 BasicCAN Mode,旁路输入比较器,关闭 CLKOUT
              CBP_Bit | ClkOff_Bit,
              can1_FrameInfo_ACR,
              can1_AMR,//every identifier is accepted
//bit-rate : 100 kBit/s ,oscillator frequency : 16 MHz, 1,0%
//maximum tolerated propagation delay : 4450 ns ,minimum requested propagation delay : 500 ns
              0x41,0x1c,
//configure CAN outputs: float on TX1, Push/Pull on TX0, normal output mode
              Tx1Float | Tx0PshPull | NormalMode);
#endif

    EX0= 1;//外部中断 0~CAN1
    EX1= 1;//外部中断 1~CAN2
    PX0 = 1;
    EA= 1;

    while (1)
    {
        receive_struct.startAdr = receive_struct.endAdr = 0;
        //初始化接收结构,无数据启动发送过程
        transmit_struct.wLength = 0x4000;          //发送 16 K
```

```
        transmit_struct. wCount  =  0；
        transmit_struct. pData  =  TransmitBuffer；            //发送哪块
        transmit_struct. pID  =  can1_FrameInfo_ACR；
        pCS_SJA1000  =  &can_cs2；            //第二个 CAN 向第一个 CAN 发数据
        pTransmit  =  &transmit_struct；
        transmit()；            //发送 pTransmit 指向的发送结构
        length  =  0；
        bTRUE  =  TRUE；
        bIncomplete  =  FALSE；            //终止发送时,上次发送未完成
        bDataOverrun  =  FALSE；            //数据溢出
        do
        {
            while（receive_struct. startAdr  = =  receive_struct. endAdr）；
            //是否接收到数据接收结构中已接收数据长度
            length1  =  （（receive_struct. endAdr  -  receive_struct. startAdr）&
                    MAX_CONTROLDATA_SIZE_AND）；

            if（length1  +  100 > MAX_CONTROLDATA_SIZE_AND）
                EA  =  0；            //已接收数据太多,关中断,不允许发送、接收
            else
                EA  =  1；            //接收缓冲器允许接收数据
            if（bDataOverrun）
            {
                bTRUE  =  FALSE；//SJA1000 接收 FIFO 溢出错
                break；
            }
#if defined（PeliCANMode）
            cLength  =  receive_struct. dataBuffer[receive_struct. startAdr + +]；
            if（cLength & 0x80）            //不理睬识别码,启始指针移至数据区
                receive_struct. startAdr  + =  4；    //扩展帧
            else
                receive_struct. startAdr  + =  2；    //标准帧
#else / *  BasicCAN mode  * /
            {
                receive_struct. startAdr + +；        //不理睬识别码,启始指针移至数据区
                receive_struct. startAdr &=  MAX_CONTROLDATA_SIZE_AND；
                cLength  =  receive_struct. dataBuffer[receive_struct. startAdr + +]；
            }
#endif
            cLength &=  0xf；            //一帧数据的长度
            receive_struct. startAdr &=  MAX_CONTROLDATA_SIZE_AND；
            //保证循环接收队列不超界
            while（cLength - -）
            {
```

```
                    If(receive_struct.dataBuffer[receive_struct.startAdr++]! =
                        TransmitBuffer[length++])
                    {//接收数据错误
                        bTRUE = FALSE;
                        break;
                    }
                    //保证循环接收队列不超界
                    receive_struct.startAdr &= MAX_CONTROLDATA_SIZE_AND;
                }
                if (! bTRUE)
                    break;
            }while (length < 0x4000);        //接收 16 K
            if (bTRUE)
                bCanOK = 0;          //P1.7 指示灯亮,表示传送正确
            else
            {
                AbortTransmit();        //错误,终止发送
                bCanOK = 1;
            }
        }
    }
}


void can_int_0 (void) interrupt 0
{
uchar * pCS_SJA1000_1 = pCS_SJA1000;
pCS_SJA1000 = &can_cs1;        //接收数据
SJA1000_INT();
pCS_SJA1000 = pCS_SJA1000_1;
}


void can_int_1 (void) interrupt 2
{
    uchar * pCS_SJA1000_1 = pCS_SJA1000;
    pCS_SJA1000 = &can_cs2;          //第二个 CAN 向第一个 CAN 发数据
    SJA1000_INT();
    pCS_SJA1000 = pCS_SJA1000_1;
}
```

拓展 11　USB2.0 通信

1. 目的与要求

(1) 了解 USB 串行通信工作原理。

（2）掌握 USB 串行通信功能。

2．设备与器材

STAR 系列实验仪一套、PC 机一台、ISP1581（USB2.0）模块一个。

3．内容

（1）熟悉 ISP1581。

① 完全符合通用串行总线（USB）Rev 2.0 规范。

② 内带高速 DMA，8 K Bytes FIFO Memory。

③ 7 个 IN 端点、7 个 OUT 端点、1 个控制 IN/OUT 端点。

④ 每个端点都可以配置双缓冲器，轻松实现实时数据传输。

⑤ 内部集成了 PLL，配置 12 MHz 晶振，良好的 EMI 特性。

⑥ 支持大部分微控制器/微处理器的总线接口。

⑦ 自动识别 USB2.0、USB1.1 模式。

⑧ 可通过软件控制与 USB 总线的连接（SoftConnect）。

⑨ 集成了 SIE、PIE、FIFO、5 V 转 3.3 V 的电压调整器。

⑩ 符合 ACPITM、OnNowTM 和 USB 电源管理的要求。

（2）熟悉、理解 ISP1581\ISP1581 中的所有固件程序。

（3）熟悉、理解 ISP1581\ISP1581_PC 部分中 STAR_ISP1581 驱动程序库的使用。

（4）通过 USB 与 PC 进行数据传输，并检验传输数据的正误。

4．步骤

（1）连线说明：

B5 区：KZ1-1（INT）——A3 区：P3.2（INT0）。

B5 区：KZ1-2（CS）——A3 区：CS2。

B5 区：KZ1-7（RESET_N）——A3 区：P1.6。

将 USB 通信线一端与 ISP1581（USB2.0）模块，另一端插入电脑。

（2）使用星研集成环境软件，打开 ISP1581\ISP1581 中固件项目（ISP1581.PRV）。

（3）运行 ISP1581_Test.EXE，使用扫描仪方式、打印机方式、循环读写方式测试通信稳定性。

5．程序示例

（1）ISP1581 固件。ISP1581 固件例子在 ISP1581 目录中，可以根据需要对 main（ ）函数做一些修改，可调用 ReadEndpoint：读数据，调用 WriteEndpoint：写数据，进行数据收发。注意更改 USB_Int_Flag 中标志前，必须先关中断，这是因为 USB 中断程序会修改 USB_Int_Flag。

（2）ISP1581_Test.EXE。对 ISP1581 目录中的程序编译、连接后传送到仿真器中，开始运行，系统提示找到 USB 设备，需要驱动程序：根据使用的操作系统，选择 Win98，Win2000 或 XP 目录。系统会自动装载驱动程序。

ISP1581.EXE 是我公司的一个程序。执行后，缓冲区大小可选择 16384，然后可以使用扫描仪方式、打印机方式、循环读写方式进行测试。通过输出（端点 1）需要对 main（ ）做一些调整，根据收到的 4 个数据（只有一个数据有效），进行显示。

（3）STAR_ISP1581 驱动程序库的使用。它包含 3 个文件：Star_ISP1581.dll、Star_ISP1581.lib、StarISP1581.h。动态连接库是 Microsoft Windows 的标准接口，流行的开发

工具 VC、VB、VF、Delphi、C++ Builder、PowerBuilder 等均可使用,可以选用自己熟悉的工具进行 USB 开发。以下提供 4 个函数:

① 读 USB 的 Endpoint1。

BOOL _declspec(dllimport) ReadPort1(unsigned char * lpBuffer, int iNumber);

正确,返回 TRUE;错误,返回 FALSE。

例子:

```
unsigned char Buffer[100];
if (ReadPort1(Buffer,100))
{
}
```

② 读 USB 的 Endpoint2。

BOOL _declspec(dllimport)ReadPort2(unsigned char * lpBuffer, int iNumber);

正确,返回 TRUE;错误,返回 FALSE。

```
unsigned char Buffer[100];
if (ReadPort2(Buffer,100))
{
}
```

③ 写 USB 的 Endpoint1。

BOOL _declspec(dllimport) WritePort1(unsigned char * lpBuffer, int iNumber);

正确,返回 TRUE;错误,返回 FALSE。

```
int i;
unsigned char Buffer[100];
for (i = 0; i < 100; i++)
    Buffer[i] = i + 1;
if (WritePort1(Buffer,100))
{
}
```

④ 写 USB 的 Endpoint2。

BOOL _declspec(dllimport) WritePort2(unsigned char * lpBuffer, int iNumber);

正确,返回 TRUE;错误,返回 FALSE。

```
int i;
unsigned char Buffer[100];
for (i = 0; i < 100; i++)
    Buffer[i] = i + 1;
if (WritePort2(Buffer,100))
{
}
```

6. 扩展及思考题

(1) 使用 ISP1581(USB2.0)模块,设计一个虚拟示波器。

(2) 使用 ISP1581(USB2.0)模块,控制实验仪的其他模块。

拓展 12   触摸屏(ADS7843、12864C)显示实验

1. 实验目的与要求

(1) 了解图形液晶模块的控制方法;了解其与单片机的接口逻辑;掌握使用图形点阵液晶显示字体和图形;

(2) 了解触摸屏结构、工作原理;掌握触摸屏控制芯片 ADS7843 的使用方法。

2. 设备与器材

STAR 系列实验仪一套、PC 机一台。

3. 触摸屏简介

(1) 12864C 液晶显示器。12864C 液晶与 12864J 使用相同的控制芯片,它们的引脚排列不同,它们的控制程序完全相同,请先复习 12864J 液晶显示器工作原理。

(2) 触摸屏的基本原理。典型触摸屏的工作部分由 3 部分组成,如图 5.24 所示:两层透明的阻性导体层、两层导体之间的隔离层、电极。阻性导体层选用阻性材料,如铟锡氧化物(ITO)涂在衬底上构成,上层衬底用塑料,下层衬底用玻璃。隔离层为黏性绝缘液体材料,如聚酯薄膜。电极选用导电性能极好的材料(如银粉墨)构成,其导电性能大约为 ITO 的 1000 倍。

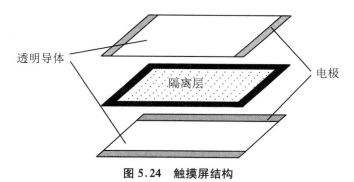

图 5.24   触摸屏结构

触摸屏工作时,上下导体层相当于电阻网络,如图 5.25 所示。当某一层电极加上电压时,会在该网络上形成电压梯度。如有外力使得上下两层在某一点接触,则在电极未加电压的另一层可以测得接触点处的电压,从而知道接触点处的坐标。比如,在顶层的电极($X+$,$X-$)上加上电压,则在顶层导体层上形成电压梯度,当有外力使得上下两层在某一点接触,在底层就可以测得接触点处的电压,再根据该电压与电极($X+$)之间的距离关系,知道该处的 X 坐标。然后,将电压切换到底层电极($Y+$,$Y-$)上,并在顶层测量接触点处的电压,从而知道 Y 坐标。

(3) 触摸屏控制芯片 ADS7843。

(4) 线触摸屏控制芯片;内置 12 位模数转换,可选择 8 位、12 位模式工作;供电电压 2.7 ~5 V;最高转换速率为 125 kHz;低导通电阻模拟开关的串行接口芯片;参考电压 V_{REF} 为 1 V~+VCC,转换电压的输入范围为 0~V_{REF}。

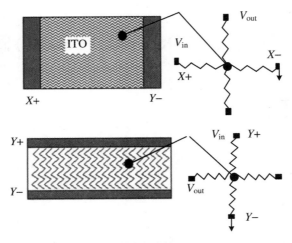

图 5.25　工作时的导体层

4．内容

（1）在液晶屏上显示几幅画面。

（2）每幅画面上,均有 1～4 个带有椭圆边框的有效触摸区域,相当于按键。

（3）在程序中,建立每幅画面中每个有效触摸区域的矩形坐标。

（4）根据画面编号、矩形坐标,识别每个有效触摸区域,转化为键值。

（5）根据键值,切换画面。

5．原理图（图 5.26）

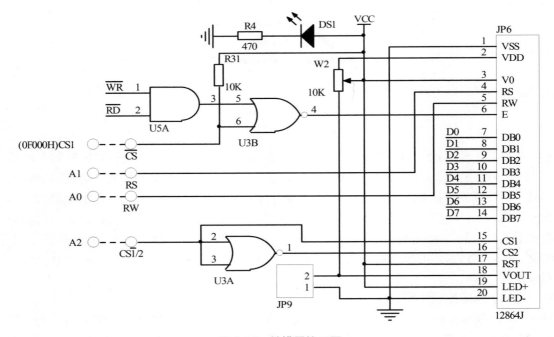

图 5.26　触摸屏接口图

6．步骤

（1）主机连线说明：

A1 区：CS、RW、RS、CS1/2——A3 区：CS1、A0、A1、A2。

A1 区：CS、DCLK、DIN、DOUT、INT——A3 区：P1.1、P1.0、P1.2、P1.4、INT1。

（2）运行程序，验证显示结果。

7．程序

（1）整屏显示子程序。

```
Draw_A_Picture：    MOV      A,#0           ;起始行,第 0 行
                   MOV      B,#0           ;起始列,第 0 列
DrawL1：            PUSH     ACC
                   MOV      R7,#64         ;一行共占 8*8 个字节
                   LCALL    SETXYL         ;设置起始显示行列地址(左边屏)
DrawL2：            CLR      A
                   MOVC     A,@A+DPTR
                   INC      DPTR
                   LCALL    WRDATAL
                   DJNZ     R7,DrawL2
                   POP      ACC
DrawR1：            PUSH     ACC
                   MOV      R7,#64
                   LCALL    SETXYR         ;设置起始显示行列地址(右边屏)
DrawR2：            CLR      A
                   MOVC     A,@A+DPTR
                   INC      DPTR
                   LCALL    WRDATAR
                   DJNZ     R7,DrawR2
                   POP      ACC
                   INC      A
                   CJNE     A,#8,DrawL1    ;共 8 行
                   RET
```

（2）ADS7843 子程序。

```
                   NAME     ADS7843
;触摸屏控制芯片     ADS7843  控制字
X_8_Com            EQU      9CH            ;控制字 选择 X 通道,8 位精度,参考电压:差动
                                          模式
Y_8_Com            EQU      0DCH           ;控制字 选择 Y 通道,8 位精度,参考电压:差动
                                          模式
X_12_Com           EQU      94H            ;控制字 选择 X 通道,12 位精度,参考电压:差动
                                          模式
Y_12_Com           EQU      0D4H;          控制字 选择 Y 通道,12 位精度,参考电压:差动
                                          模式
#ifdef             bADS7843_12bit
PUBLIC             xCoordinateL,xCoordinateH,yCoordinateL,yCoordinateH
```

```
PUBLIC              key，ReadCoordinate
#else
PUBLIC              xCoordinate，yCoordinate
PUBLIC              key，ReadCoordinate
#endif
ADS7843_CODE        SEGMENT  CODE
ADS7843_DATA        SEGMENT  DATA
;控制管脚
CLK                 BIT      P1.0           ;串行时钟
CS                  BIT      P1.1           ;片选
DIN                 BIT      P1.2           ;串行输入
DOUT                BIT      P1.4           ;串行输出
bBusy               BIT      P1.3           ;查忙标志
;数据段
RSEG                ADS7843_DATA
#ifdef bADS7843_12bit
xCoordinateL：       DS       1              ;触摸点 X 方向坐标(0 - 0FFFH)（低 8 位）
xCoordinateH：       DS       1              ;触摸点 X 方向坐标(0 - 0FFFH)（高 4 位）
yCoordinateL：       DS       1              ;触摸点 Y 方向坐标(0 - 0FFFH)（低 8 位）
yCoordinateH：       DS       1              ;触摸点 Y 方向坐标(0 - 0FFFH)（高 4 位）
#else
xCoordinate：        DS       1              ;触摸点 X 方向坐标(0 - 0FFH)
yCoordinate：        DS       1              ;触摸点 Y 方向坐标(0 - 0FFH)
#endif
;代码段
RSEG                ADS7843_CODE
;读取坐标,CY = 0,正确;CY = 1,失败
ReadCoordinate：                             ;取坐标
                    SETB     CS             ;产生开始信号
                    CLR      CLK
                    SETB     DIN
                    CLR      CS
#ifdef bADS7843_12bit
                    MOV      A,#X_12_Com
                    CALL     Write_8_bits
                    CALL     T_Busy
                    JC       ReadCoordinate_Exit
                    CALL     Read_12_bits
                    MOV      xCoordinateH,A
                    MOV      xCoordinateL,B
                    MOV      A,#Y_12_Com
                    CALL     Write_8_bits
                    CALL     T_Busy
                    JC       ReadCoordinate_Exit
```

```
                    CALL     Read_12_bits
                    MOV      yCoordinateH,A
                    MOV      yCoordinateL,B
#else
                    MOV      A,#X_8_Com
                    CALL     Write_8_bits
                    CALL     T_Busy
                    JC       ReadCoordinate_Exit
                    CALL     Read_8_bits
                    MOV      xCoordinate,A
                    MOV      A,#Y_8_Com
                    CALL     Write_8_bits
                    CALL     T_Busy
                    JC       ReadCoordinate_Exit
                    CALL     Read_8_bits
                    MOV      yCoordinate,A
#endif
                    CLR      C
ReadCoordinate_Exit:
                    RET
;查忙状态,CY = 0,成功;CY=1,失败
T_Busy:             PUSH     07H
                    MOV      R7,#50
                    CLR      C
T_Busy1:            JB       bBusy,T_Busy_Exit
                    DJNZ     R7,T_Busy1
                    SETB     C
T_Busy_Exit:        POP      07H
                    RET
;写8位数据(参数在ACC里)
Write_8_bits:       PUSH     07H
                    MOV      R7,#8
W_8_b:              RLC      A
                    MOV      DIN,C
                    SETB     CLK
                    NOP
                    CLR      CLK
                    DJNZ     R7,W_8_b
                    POP      07H
                    RET
;读取8位数据(结果存放于在ACC里)
Read_8_bits:        PUSH     07H
                    MOV      R7,#8
R_8_b:              SETB     CLK
```

```
                    NOP
            CLR     CLK
            MOV     C,DOUT
            RLC     A
            DJNZ    R7,R_8_b
            POP     07H
            RET
```

;读取 12 位数据(结果存放于在 A(高位)、B 里)

```
Read_12_bits:       CALL    Read_8_bits
            MOV     B,A
            CALL    Read_8_bits
            ANL     A,♯0F0H
            XCH     A,B
            PUSH    ACC
            ANL     A,♯0FH
            ORL     A,B
            SWAP    A
            MOV     B,A
            POP     ACC
            ANL     A,♯0F0H
            SWAP    A
            RET
```

;DPTR 指向的第一个参数是键数(1 个字节),第二个参数开始:键的坐标点(4 个字节 x1,x2,y1,y2),
返回键值在 A 中,如果 A=0FFH,表示没有对应按键

```
key:                PUSH    07H
            PUSH    B
            CALL    ReadCoordinate
            JC      NoKey
            CALL    Delay20ms           ;延时去抖动
            CALL    ReadCoordinate
            JC      NoKey
            MOV     B,♯0
            CLR     A
            MOVC    A,@A+DPTR
            MOV     R7,A
            INC     DPTR
key1                CLR     A
            MOVC    A,@A+DPTR
            INC     DPTR
            CJNE    A,xCoordinate,$ +3
            JNC     key1_1
            CLR     A
            MOVC    A,@A+DPTR
            INC     DPTR
```

```
                CJNE     A,xCoordinate,$+3
                JC       key1_2
                CLR      A
                MOVC     A,@A+DPTR
                INC      DPTR
                CJNE     A,yCoordinate,$+3
                JNC      key1_3
                CLR      A
                MOVC     A,@A+DPTR
                INC      DPTR
                CJNE     A,yCoordinate,$+3
                JNC      key_exit
key1_4：         INC      B
                DJNZ     R7,key1
NoKey：          MOV      B,#0FFH
key_exit：       MOV      A,B
                POP      B
                POP      07H
                JNB      P3.3,$
                CALL     Delay20ms
                CLR      IT1
                SETB     EX1
                RET
key1_1：         INC      DPTR
key1_2：         INC      DPTR
key1_3：         INC      DPTR
                SJMP     key1_4
Delay20ms：      MOV      R6,#40        //延时 20 毫秒
                MOV      R7,#0
Delay20ms_1：    DJNZ     R7,$
                DJNZ     R6,Delay20ms_1
                RET
```

拓展 13　GPS 定位实验

1.　目的与要求

（1）了解 GPS 模块的各项参数，如何选择合适的场合使用 GPS 模块。

（2）了解 NMEA-0183 标准输出格式。

（3）掌握使用 GPS 模块，在 GPRMC 中提取日期、时间、纬度、经度、海拔。

2.　设备与器材

STAR 系列实验仪一套、PC 机一台、GPS 模块一个。

3．内容

（1）GPS 模块。本 GPS 模块使用内置天线，应置于室外或窗口，否则，内置天线无法接收卫星信号，导致 GPS 模块无法正常工作。调节 GPS 模块位置、方向，使它追踪尽可能多的卫星，测得的数据就更正确。

GPS 模块缺省的通信方式：波特率 4800 B/s、1 位启始位、8 位数据位、1 位停止位。

使用 NMEA-0183 2.4 版、ASCII 输出为标准输出格式，可选用 SiRF 二进制格式。

开机时，GPS 模块开始定位，正常状况下，定位约需 45 s。定位后，输出有效的经度、纬度、高度、速度、日期、时间、估计误差值、卫星状态、接收状态。

NMEA-0183 标准输出格式见表 5.1。

表 5.1　NMEA-0183 标准输出格式

种类	说明
GPGGA	卫星定位资讯（指定位后）
GPGLL	地理位置——经度及纬度
GPGSA	GNSS DOP（一种偏差资讯，说明卫星定位讯号的优劣状态）
GPGSV	GNSS 天空范围内的卫星
GPRMC	最起码的 GNSS 资讯（指达到定位目的）
GPVTG	对地方向及对地速度

① 卫星定位资讯（GPGGA）输出范例：

$ GPGGA,161229.487,3723.2475,N,12158.3416,W,1,07,1.0,9.0,M,，，，0000 * 18

名称	实例	单位	叙述
信号代号	$ GPGGA		GPGGA 规范抬头
标准定位时间	161229.487		时时分分秒秒.秒秒秒
纬度	3723.2475		度度分分.分分分分
北半球或南半球指示器	N		北半球（N）或南半球（S）
经度	12158.3416		度度度分分.分分分分
东半球或西半球指示器	W		东（E）半球或西（W）半球
定位代号指示器	1		0：未定位或无效的定位
			1：GPSSPS 格式（商业用途格式），已定位
			2：偏差修正 GPS（即 DGPS），SPS 格式，已定位
			3：GPS PPS 格式（PPS 为军用格式），已定位
使用中的卫星数目	07		00 至 12
水平稀释精度	1.0		0.5 至 99.9 米
海拔高度	9.0	米	−9999.9 至 99999.9 米
单位	M	米	
地表平均高度		米	−999.9 至 9999.9 米
单位	M	米	
差分修正 DGPS			RTCMSC-104）资料年限，上次有效的 RTCM 传输至今的秒数（若非 DGPS，则数字为 0）
偏差修正（DGPS）			参考基地台代号，0000 至 1023。（0 表示非 DGPS）
插分参考基站代码 ID	0000		

总和校验码　　　　　　　　＊18

<CR> <LF>　　　　　　　　　　　　　　讯息终点

② GNSS 资讯(GPRMC)输出范例:

$ GPRMC,161229.487,A,3723.2475,N,12158.3416,W,0.13,309.62,120598,,＊10

名称	实例	单位	叙述
信号代号	$ GPRMC		GPRMC 规范抬头
标准定位时间	161229.487		时时分分秒秒.秒秒秒
定位状态	A		A = 资料可用,V = 资料不可用
纬度	3723.2475		度度分分.分分分分
北半球或南半球指示器	N		北半球(N)或南半球(S)
经度	12158.3416		度度度分分.分分分分
东半球或西半球指示器	W		东(E)半球或西(W)半球
对地速度	0.13	节	0.0 至 1851.8 节
对地方向	309.62	度	实际值
日期	120598		日日月月年年
磁极变量(A)		度	东(E)半球或西(W)半球
总和校验码	＊10		

<CR> <LF>　　　　　　　　　　　　　　讯息终点

A. SiRF 公司目前不支援磁极变量,所有对地方向资料是以大地测量 WGS84 为方向。

(2) 编写程序:通过 GPGGA、GPRMC,提取日期、时间、纬度、经度、海拔,显示于液晶上。

4. 步骤

(1) 连线说明:

GPS 专用转接线的一端(带有红、蓝连接线)——E7 区:J1A3 区。

红线——C1 区:VCC。

蓝线——C1 区:GND。

GPS 专用转接线的另一端——GPS 模块。

A3 区:RXD、TXD——E7 区:RXD、TXD。

A3 区:CS1、A0、A1、A2——A1 区:CS、RW、RS、CS1/2。

(2) 编写、调试程序,在液晶上显示日期、时间、纬度、经度、海拔。

5. 程序

Main.C:　　　　　　主程序。

12864J:　　　　　　液晶部分程序。

GPS.C、GPS.H:　　GPS 部分程序。

　　CommInt:　　　接收字符,收到换行符(0X0A),调用 GPS_Data。

　　CommInit:　　　进行数据处理。

　　GPS_CRC:　　　串口初始化。

　　GPS_Data:　　　计算校验和在 GPGGA 中提取海拔;在 GPRMC 中提取日期、时间、纬度、经度。

6. 思考题

(1) 请将 GPS 接收到的时间转化为北京时间。

(2) 本实验的 GPS 模块是静止不动的,如果 GPS 模块安装在高速移动的物体上,如何根据接收到的信息,确定物体移动的速度、方向?

注意：如果 GPS 模块不是在空旷处或同时接收到信息的卫星数有限，就会导致测得的海拔误差较大。

拓展 14　GPRS 通信

1. 目的与要求

（1）了解短消息的编码、发送短消息格式、接收短消息格式。

（2）掌握 GB 2312 编码转化为 UNICODE 编码方法。

（3）掌握使用 GPRS 模块发送短消息。

2. 设备与器材

STAR 系列实验仪一套、PC 机一台、GPRS 模块一个。

3. 内容

（1）熟悉 GPRS 模块。

① 本 GPRS 模块采用华为的 GTM900B 无线模块，它支持标准的 AT 命令及增强 AT 命令，提供丰富的数据业务等功能，内嵌 TCP/IP 协议、UDP 协议，支持 TEXT、PDU 等格式的短消息。

② 最高速率可达 85.6 Kb/s。通过 UART 接口与用户系统相连。

（2）短消息介绍。短消息分为 TEXT、PDU 格式，TEXT 格式又分为 7 位编码、8 位编码。

① 7 位编码。如果发送的是英文信息，每个字符的最高位是零，可使用的 GSM 字符集为 7 位编码。设需要发送的短消息内容为"Hi"，首先将字符转换为 7 位的二进制，然后，将后面字符的位调用到前面，补齐前面的差别。例如：H 翻译成 1001000，i 翻译成 1101001，显然 H 的二进制编码不足八位，那么就将 i 的最后一位补足到 H 的前面。那么就成了 11001000（C8），i 剩下六位 110100，前面再补两个 0，变成 00110100（34），于是"Hi"就变成了两个八进制数 C8 34。

② PDU 数据格式。PDU 数据格式在短信正文中采用 UNICODE 编码，一个汉字由两个字节组成，通常汉字输入、显示采用 GB2312 编码格式，如果采用 PDU 格式发送短消息，发送前，将短消息正文改为 UNICODE 编码，否则，接收方会收到乱码。

③ 短信中心号码。移动各地短信中心号码为 1380 + 4 位区号（不满 4 位，在区号后加 0）+ 500。

④ 发送短消息格式。例如，我们要将字符"Hi"字符发送到目的地"13677328099"。PDU 字符串为

08 91 683108200105F0 11 00 0D 91 3176378290F9 00 00 00 02 C834

其中：

（a）08 为短信息中心地址长度，指（91）+（683108200105F0）的长度。

（b）91 为短信息中心号码类型。91 是 TON/NPI 遵守 International/E.164 标准，指在号码前需加"+"号；此外还有其他数值，但 91 最常用。

如 91—10010001 中每位数表示的含义如表 5.2 所示。

表 5.2 91—10010001 中每位数表示的含义

BIT No.	7	6	5	4	3	2	1	0
Name	1	数值类型			号码鉴别			

数值类型(Type of Number):000—未知,001—国际,010—国内,111—留作扩展。

号码鉴别(Numbering plan identification):0000—未知,0001—ISDN/电话号码(E.164/E.163),1111—留作扩展。

(c) 683108200105F0 为短信息中心号码。由于位置上略有处理,实际号码应为:8613800210500(字母 F 是指长度减 1)。这需要根据不同的地域作相应的修改。

(a)、(b)、(c)通称短消息中心地址(Address of the SMSC)。

(d) 11—文件头字节。其每位数的含义见表 5.3。

表 5.3 文件头字节每位数的含义

BIT No.	7	6	5	4	3	2	1	0
Name	TP-RP	TP-UDHI	TP-SPR	TP-VFP		TP-RD	TP-MTI	
value	0	0	0	1	0	0	0	1

应答路径:TP-RP(TP-Reply-Path):0 表示不设置;1 表示设置。

用户数据头标识:TP-UDHL(TP-User-Data-Header-Indicator),0 表示不含任何头信息;1 表示含头信息。

状态报告要求:TP-SPR(TP-Status-Report-Request),0 表示需要报告;1 表示不需要报告。

有效期格式:TP-VPF(TP-Validity-Period-Format),00 表示不提供(Not present);10 表示整型(标准);01 表示预留;11 表示提供 8 位字节的一半(Semi-Octet Represented)。

拒绝复制:TP-RD(TP-Reject-Duplicates),0 表示接受复制;1 表示拒绝复制。

信息类型提示:TP-MTI(TP-Message-Type-Indicator),00 表示读出(Deliver);01 表示提交(Submit)。

(e) 00:信息类型(TP-Message-Reference)。

(f) 0B:被叫号码长度。

(g) 91:被叫号码类型(同 b)。

(h) 3176378290F9:被叫号码,经过了位移处理,实际号码为"13677328099"。

(f)、(g)、(h)通称目的地址(TP-Destination-Address)。

(i) 00:协议标识 TP-PID(TP-Protocol-Identifier)。

BIT No. 7 6 5 4 3 2 1 0。

Bit No.7 与 Bit No.6:00:如下面定义的分配 Bit No.0—Bit No.5;01—参见 GSM03.40 协议标识完全定义;10 表示预留;11 表示为服务中心(SC)特殊用途分配。

Bit No.0—Bit No.5。

一般将这两位置为 00。

Bit No.5:0 表示不使用远程网络,只是短消息设备之间的协议;1 表示使用远程网络。

Bit No.0—Bits No.4:00000 表示隐含;00001 表示电传;00010 表示 group 3 telefax;00100 表示语音;00101 表示欧洲无线信息系统(ERMES);00110 表示国内系统;10001 表示

任何基于 X.400 的公用信息处理系统；10010 表示 E-mail。

(j) 00：数据编码方案 TP-DCS(TP-Data-Coding-Scheme)。

BIT No. 7 6 5 4 3 2 1 0

Bit No.7 与 Bit No.6：一般设置为 00；Bit No.5：0 表示文本未压缩，1 表示文本用 GSM 标准压缩算法压缩；Bit No.4：0 表示表示 Bit No.1、Bit No.0 为保留位，不含信息类型信息，1 表示表示 Bit No.1、Bit No.0 含有信息类型信息；Bit No.3 与 Bit No.2：00 表示默认的字母表，01 表示 8 bit，10 表示 USC2(16 bit)，11 表示预留；Bit No.1 与 Bit No.0：00 表示 Class 0,01 表示 Class 1,10 表示 Class 2(SIM 卡特定信息)，11 表示 Class 3。

(k) 00：有效期 TP-VP(TP-Valid-Period)(表 5.4)。

表 5.4　有效期 TP-VP

VP value(&h)	相应的有效期
00 to 8F	(VP+1)∗5 分钟
90 to A7	12 小时+(VP−143)∗30 分钟
A8 to C4	(VP−166)∗1 天
C5 to FF	(VP−192)∗1 周

(l) 02：用户数据长度 TP-UDL(TP-User-Data-Length)。

(m) C834：用户数据 TP-UD(TP-User-Data)"Hi"。

⑤ 发送短消息格式。

(a) 短信息中心地址长度(一个字节，同上)。

(b) 短信息中心号码类型(一个字节，同上)。

(c) 短信息中心号码(同上)。

(d) 文件头字节(一个字节，同上)。

(e) 被叫号码长度(一个字节，同上)。

(f) 被叫号码类型(一个字节，同上)。

(g) 被叫号码(同上)。

(h) 协议标识 TP-PID(一个字节，同上)。

(i) 数据编码方案 TP-DCS(一个字节，同上)。

(j) 短信中心时间戳(7 个字节)。

(k) 用户数据长度 TP-UDL(一个字节)。

(l) 用户数据 TP-UD(TP-User-Data)：短信正文。

(3) 相关的 GSM AT 指令及对应的功能见表 5.5。

表 5.5　GSM AT 指令及功能

指令	功能
AT+CMGC	Send an SMS command(发出一条短消息命令)
AT+CMGD	Delete SMS message(删除 SIM 卡内存的短消息)
AT+CMGF	Select SMS message formate(选择短消息信息格式：0−PDU；1−文本)

续表

指令	功能
AT+CMGL	List SMS message from preferred store(列出 SIM 卡中的短消息 PDU/text：0/"REC UNREAD"－未读,1/"REC READ"－已读,2/"STO UNSENT"－待发,3/"STO SENT"－已发,4/"ALL"－全部的)
AT+CMGR	Read SMS message(读短消息)
AT+CMGS	Send SMS message(发送短消息)
AT+CMGW	Write SMS message to memory(向 SIM 内存中写入待发的短消息)
AT+CMSS	Send SMS message from storage(从 SIN|M 内存中发送短消息)
AT+CNMI	New SMS message indications(显示新收到的短消息)
AT+CPMS	Preferred SMS message storage(选择短消息内存)
AT+CSCA	SMS service center address(短消息中心地址)
AT+CSCB	Select cell broadcast messages(选择蜂窝广播消息)
AT+CSMP	Set SMS text mode parameters(设置短消息文本模式参数)
AT+CSMS	Select Message Service(选择短消息服务)

（4）使用 GPRS 模块，发送一条英文短消息、接收一条英文短消息、发送一条中文短消息、接收一条中文短消息。

4．步骤

（1）连线说明：将 GPRS 模块插入实验仪的 B5、C6 区。

A3 区：RXD、TXD——B5 区：KZ1_7、KZ1_6。

（2）编写、调试程序，实现：发送一条英文短消息、接收一条英文短消息、发送一条中文短消息、接收一条中文短消息。

5．程序

程序请参阅实验箱自带光盘 GPRS 目录。

Main.C：　　　　　主程序（循环收发短信）

comm.c：　　　　　串口初始化；接收 GPRS 发过来的数据；发送数据给 GPRS 模块

GPRS.C、GPRS.H：　GPRS 部分程序

　　　　　1．初始化短消息数据结构

　　　　　void InitNoteStruct(u8 * pSMSC_TP, u8 * pTarget_TP);

　　　　　pSMSC_TP：指向短信中心号码；pTarget_TP：指向手机号码

　　　　　2．发送短消息

　　　　　bit SendNote(u8 * pNote, u8 length, bit bChinese);

　　　　　pNote：指向短信正文；length：短信长度；bChinese：短信中带有汉字

　　　　　3．接收短消息

　　　　　bit ReceiveNote1(u8 * pNote, u8 * pLength, u8 * pTP, u8 * pTime);

　　　　　pNote：指向存放短信正文存贮器；pLength：存放短信长度；

　　　　　pTP：指向发短信方手机号码；pTime：存放收到短信时间

7．思考题

两块 GPRS 模块之间如何使用 TCP/IP 协议收发数据？如何取得对方的 IP 号、端口号？

拓展 15　非接触式卡实验

1．目的与要求

（1）了解 MFRC500 读卡芯片特性、应用场合，了解非接触式卡工作原理。

（2）了解 MF1 IC S50 卡工作原理。

（3）掌握对 MF1 IC S50 卡读、写、增值、减值操作。

2．设备与器材

STAR 系列实验仪一套、PC 机一台、MFRC500 模块一块、MF1 IC S50 卡一张。

3．内容

（1）MFRC500 特性。MFRC500 管脚排列如图 5.27 所示。

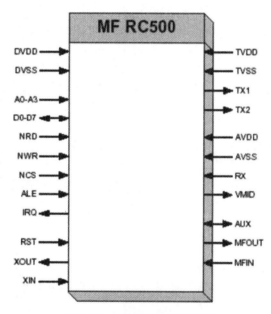

图 5.27　MFRC500 管脚排列

① 高集成度模拟电路用于卡应答的解调和解码。

② 近距离操作（可达 100 mm），不需要增加有源电路。

③ 缓冲输出驱动器使用最少数目的外部元件连接到天线。

④ 载波频率为 13.56 MHz。

⑤ 时钟频率监视。

⑥ 软件可实现掉电模式。

⑦ 并行微处理器接口带有内部地址锁存和 IRQ 线。

⑧ 自动检测微处理器并行接口类型。

⑨ 64 字节的发送和接收 FIFO 缓冲区。

⑩ MF RC500 支持 ISO14443A 所有的层。

⑪ 支持 Crypto1 加密算法,提供可靠的内部非易失性密钥存储器。

⑫ 支持 MIFARE Clasic。

⑬ 支持 MIRFARE 有源天线。

⑭ 内含可编程的定时器。

⑮ 支持防冲突过程。

⑯ 片内时钟电路,面向位和字节的帧。

⑰ 有防卡片重叠功能。

⑱ 唯一的序列号。

⑲ 内建 8 位/16 位的 CRC 协处理器,提供 CRC,PARITY 等数据校验。

⑳ 支持多种方式的活动天线,并且不需"天调系统"(天线调节系统)对天线进行补偿调节。

(2) MF1 IC S50 卡。卡片上除了 IC 微晶片及一副高效率天线外,无任何其他元件;工作时的电源能量由卡片读写器天线发送无线电载波信号耦合到卡片上天线而产生电能,一般可达 2 V 以上,供卡片上 IC 工作。工作频率为 13.56 MHz。

① EEPROM。内含 1 K 字节 EEPROM,分为 16 个扇区,每个扇区分为 4 个段,每个段有 16 个字节;可以自定义每个段的访问条件;数据可保持 10 年;可写 100000 次。

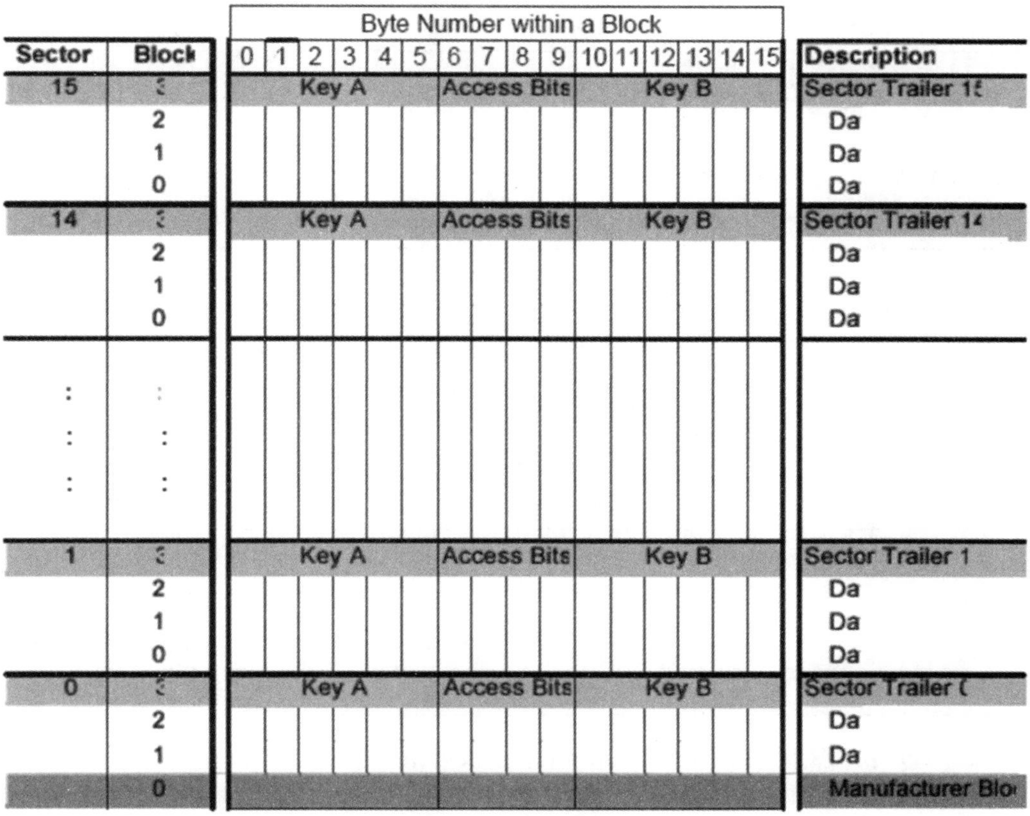

图 5.28　Mifare 1 卡片的存储结构

每个扇区的段 3(即第 4 段)包含了该扇区的密码 A(6 个字节)、存取控制(4 个字节)、密码 B(6 个字节),是一个特殊的段。其余 3 个段是一般的数据段。但扇区 0 的段 0 是特殊的,是厂商代码,已固化,不可改写。第 0~4 个字节为卡片的序列号,第 5 个字节为序列号的校验码;第 6 个字节为卡片的容量"SIZE"字节;第 7,8 个字节为卡片的类型号字节,即 Tagtype 字节;其他字节由厂商另加定义。

② 安全性。需要通过 3 轮确认(ISO/IEC DIS9798－2);RF 信道的数据加密,有重防攻击保护;每个区有两套独立的密码;每张卡有唯一的序列号;卡片抗静电保护能力达 2 kV 以上。

③ 操作。可执行读、写、增值、减值操作,如果需要增值/减值操作,必须对相应的段初始化。

下面将对密码 A,密码 B,存取控制与数据区的关系加以说明:

存取控制的结构如表 5.6 所示。

表 5.6　存取控制的结构

位:7	6	5	4	3	2	1	0
C2X3_b	C2X2_b	C2X1_b	C2X0_b	C1X3_b	C1X2_b	C1X1_b	C1X0_b
C1X3	C1X2	C1X1	C1X0	C3X3_b	C3X2_b	C3X1_b	C3X0_b
C3X3	C3X2	C3X1	C3X0	C2X3	C2X2	C2X1	C2X0
BX7	BX6	BX5	BX4	BX3	BX2	BX1	BX0

_b 表示取反,如 C2X3_b 即 C2X3 取反;X 表示扇区号;Y 表示第几段;C 表示控制位;B 表示备用位。

存取控制对段 3 的控制如表 5.7 所示(X＝0~15)。

表 5.7　段 3 的控制

C1X3	C2X3	C3X3	密码 A read	密码 A Write	存取控制 read	存取控制 write	密码 B read	密码 B write
0	0	0	never	KEYA|B	KEYA|B	never	KEYA|B	KEYA|B
0	1	0	never	Never	KEYA|B	never	KEYA|B	never
1	0	0	never	KEYB	KEYA|B	never	never	KEYB
1	1	0	never	Never	KEYA|B	never	never	never
0	0	1	never	KEYA|B	KEYA|B	KEYA|B	KEYA|B	KEYA|B
0	1	1	never	KEYB	KEYA|B	KEYB	never	KEYB
1	0	1	never	Never	KEYA|B	KEYB	never	never
1	1	1	never	Never	KEYA|B	never	never	never

KEYA|B 表示密码 A 或密码 B;never 表示没有条件实现。

对数据段的控制如表 5.8 所示。(X＝0~15 扇区、Y＝每个扇区的 0~2 段)。

表 5.8　数据段的控制

C1XY	C2XY	C3XY	Read	Write	Increment	Decr,Transfer,restore
0	0	0	KEYA|B	KEYA|B	KEYA|B	KEYA|B
0	1	0	KEYA|B	never	Never	never
1	0	0	KEYA|B	KEYB	Never	never
1	1	0	KEYA|B	KEYB	KEYB	KEYA|B
0	0	1	KEYA|B	never	Never	KEYA|B
0	1	1	KEYB	KEYB	Never	never
1	0	1	KEYB	never	Never	never
1	1	1	Never	never	Never	never

　　块 3 的初始化值为:a0,a1,a2,a3,a4,a5,ff,07,80,69,b0,b1,b2,b3,b4,b5 共 16 个字节,其中 KEYA 是{a0,a1,a2,a3,a4,a5},KEYB 是{b0,b1,b2,b3,b4,b5},控制存取的四个字节为{0xff,0x07,0x80,0x69}。

　　程序员可以根据自己应用的具体情况,对不同的扇区可选用不同的存取控制、不同的密码,但应注意其每一位的格式,以免误用!

　　数据段有两种应用方法:一种是用作一般的数据保存用,直接读写;另一种用法是用作数值段,可以进行初始化值、加值、减值、读值的运算(表 5.9)。系统配用相应的函数完成相应的功能。

表 5.9　数值段的数据结构

0　1　2　3	4　5　6　7	8　9　10　11	12　13　14　15
VALUE	VALUE	VALUE	Adr　Adr　Adr　Adr

　　数值段通过一个写操作,将存储的数据在一个段中写 3 次,1 次反写,从而完成数值段的初始化。此外,一个地址引导位代码域必须写 4 次,其中 2 次为反向写入。正/负数据值将以标准的 2 的补码格式来表示。

　　(3) 调用星研提供的 MFRC500.LIB 中函数,实现对 MF1 IC S50 卡写、读、初始化数值段、对数值段加值、减值、读值操作。

　　4．实验步骤

　　(1) 连线说明:将 MFRC500 模块插入实验仪的 B5 区。

　　B5 区:CZ1_2——A3 区:CS1。

　　B5 区:CZ1_5——A3 区:INT0(P3.2)。

　　B5 区:CZ1_7——A3 区:P1.0。

　　D1 区:CTRL——A3 区:P1.1。

　　(2) 调用星研提供的 MFRC500.LIB 中函数,实现对 MF1 IC S50 卡写、读、初始化数值段、对数值段加值、减值、读值操作。

　　5．程序

　　程序请参阅实验箱自带光盘 RC500 目录。